RENOV'LIVRES S.A.
2000

RECHERCHES

SUR

L'ANATOMIE DES ORGANES GÉNITAUX DES ANIMAUX VERTÉBRÉS,

PAR

A. LEREBOULLET,

DOCTEUR EN MÉDECINE ET ÈS-SCIENCES, PROFESSEUR DE ZOOLOGIE ET D'ANATOMIE COMPARÉE À LA FACULTÉ DES SCIENCES DE STRASBOURG, DIRECTEUR DU MUSÉUM D'HISTOIRE NATURELLE, MEMBRE DE L'ACADÉMIE IMPÉRIALE DES CURIEUX DE LA NATURE.

MÉMOIRE COURONNÉ PAR L'ACADÉMIE DES SCIENCES DE PARIS, PUBLIÉ PAR L'ACADÉMIE IMPÉRIALE DES CURIEUX DE LA NATURE.

AVEC 20 PLANCHES.

BRESLAU et BONN,
CHEZ EDOUARD WEBER À BONN,
LIBRAIRE DE L'ACADÉMIE IMPÉRIALE.
1851.

RECHERCHES

SUR

L'ANATOMIE DES ORGANES GÉNITAUX DES ANIMAUX VERTÉBRÉS,

PAR

A. LEREBOULLET,

DOCTEUR EN MEDECINE ET ÈS-SCIENCES, PROFESSEUR DE ZOOLOGIE ET D'ANATOMIE COMPARÉE À LA FACULTÉ DES SCIENCES DE STRASBOURG, DIRECTEUR DU MUSÉUM D'HISTOIRE NATURELLE, ETC.

MÉMOIRE COURONNÉ PAR L'ACADÉMIE DES SCIENCES DE PARIS.

AVEC **20** PLANCHES.

PRÉSENTÉ À L'ACADÉMIE LE 17. AVRIL 1848.

Avant-propos.

L'Académie des sciences de Paris avait mis au concours pour le grand prix des sciences physiques à décerner en **1845**, la question suivante:

„Démontrer par une étude nouvelle et approfondie et par la description accompagnée de figures des organes de la reproduction des deux sexes dans les cinq classes d'animaux vertébrés, l'analogie des parties qui constituent ces organes, la marche de leur dégradation, et les bases que peut y trouver la classification générale des espèces de ce type."

Dans le programme qui accompagne cette question, l'Académie conseille de choisir, dans chaque classe, une espèce commune pour sujet particulier des recherches, sauf à s'aider habilement des faits acquis à la science par l'étude d'animaux plus rarement à la portée de l'observation (Voy. Comptes-rendus, 1844, Tom. XVIII. p. **336**).

Dans le travail que je soumets aujourd'hui à l'appréciation du public, j'ai cru devoir suivre en tous points les indications de l'Académie. J'ai pris pour types de mes descriptions un lapin mâle et femelle, un coq et une poule, le lézard des souches (*Lacerta stirpium* Daud.), la grenouille verte et la grenouille rousse (*Rana esculenta* et *temporaria*) et le brochet.

J'ai soumis à une étude nouvelle et aussi détaillée qu'il m'a été possible de le faire, l'anatomie des organes génitaux de ces animaux. Afin de pouvoir établir plus facilement les analogies et les différences, j'ai divisé, à l'exemple de Burdach, ces organes en trois régions ou sphères: une interne, une moyenne et une externe, et j'ai donné pour chacune de ces régions les résultats de mes propres recherches, en comparant quelquefois ces résultats à ceux obtenus par les anatomistes qui se sont occupés du même sujet. Pénétré de l'importance de l'histologie et des services qu'elle est appelée à rendre à la physiologie, je ne me suis pas borné à l'anatomie des formes, mais j'ai cherché aussi à faire connaître l'anatomie de texture des diverses parties des organes génitaux.

Après avoir exposé d'une manière purement analytique les faits tels que je les ai observés, j'ai réuni ces faits, je les ai comparés entre eux dans des résumés particuliers et alors, mais alors seulement, je me suis servi des données acquises à la science et nécessaire, pour rendre la démonstration plus complète. Dans ces résumés je me suis attaché, ainsi que le demandait le programme, à faire ressortir l'analogie des parties et à montrer en même temps leur dégradation. J'ai terminé par un résumé général dans lequel je compare les uns aux autres les organes génitaux pris dans leur ensemble; dans ce résumé j'indique sous quel point de vue l'étude des organes génitaux peut servir à la classification des animaux vertébrés.

Telle est en peu de mots la marche que j'ai suivie et tel est l'esprit qui a présidé à la rédaction de mon travail.

D'après cette déclaration on comprendra que je n'ai pas dû être médiocrement surpris de lire le passage suivant du très-court rapport que

M. Serres a présenté sur mon mémoire: „Ces recherches intéressantes (il est question de l'étude des spermatozoïdes et des ovules), mais qui occupent trop de place dans le travail, ont détourné l'auteur du but de la question qui demandait, avant tout, une étude nouvelle et approfondie des organes de la reproduction, dans les deux sexes, chez les animaux composant les cinq classes des vertébrés. Il est résulté de là que ses diverses parties n'ont pas été traitées et que, les plus souvent, l'auteur s'en est rapporté à ce qui avait été fait avant lui." (Comptes-rendus de l'Acad. 1847. Tom. 24. p. 713).

Sans vouloir en aucune façon faire l'apologie de mon oeuvre, ce qui n'entre nullement dans mes habitudes, je me bornerai à dire que je ne saurais accepter le double reproche de n'avoir pas traité la question et de m'en être rapporté le plus souvent à ce qui a été fait avant moi. Cette dernière assertion est entièrement gratuite; mes descriptions sont toutes originales, elles ont été faites sur nature avec le soin et la conscience que j'ai l'habitude de mettre dans mes observations; les nombreux dessins qui les accompagnent auraient dû, je crois, suffire pour ôter de l'esprit de Monsieur le Rapporteur toute idée de compilation. Ce n'est pas à dire que mon travail soit exempt d'erreurs ou d'imperfections; je suis le premier à reconnaître qu'il présente des lacunes, mais je ne crois pas que ces lacunes, fussent-elles même encore plus nombreuses, puissent légitimer la conclusion absolue que la question n'a pas été traitée.

Du reste l'Académie n'a pas jugé mon travail indigne de récompense; elle lui a décerné, à titre d'accessit, une médaille de la valeur de **700** fr.

Je livre ce mémoire à l'impression tel qu'il a été présenté, il y a deux ans, à l'Académie des sciences; j'ai cru devoir n'y faire aucun changement essentiel; je me suis borné à quelques additions peu nombreuses que j'ai d'ailleurs en soin d'indiquer en note.

Les dessins qui accompagnent ce travail ont été faits par M. Klein, l'un de nos peintres les plus distingués et par mon ami Mr. P. W. Schimper, notre habile et zélé bryologiste; qu'ils me permettent de leur offrir ici mes vifs et sincères remerciements pour l'extrême obligeance avec laquelle ils ont bien voulu me prêter l'appui de leur beau talent.

Strasbourg le **20. Décembre 1847.**

L'auteur.

Première partie.
De la Sphère interne ou productrice des organes génitaux.

Les parties élémentaires dont le concours est indispensable pour la production d'un nouvel être sont formées dans des organes sécréteurs particuliers désignés depuis longtemps sous les dénominations de testicules et d'ovaires.

Nous exposerons, dans autant de chapitres, les résultats de nos recherches sur la disposition et sur la structure de chacun de ces deux ordres d'organes, dans les animaux vertébrés, que nous avons choisis pour types; puis, dans un article spécial, nous comparerons entréux ces résultats, afin de faire ressortir l'analogie de composition de ces parties, les plus importantes, sans contredit, de tout l'appareil génital, je dirai même les seules indispensables à l'accomplissement de la fonction.

Chapitre premier.
De la Sphère productrice dans les mâles des animaux vertébrés, ou des Testicules et de leur produit.

Article I.
Des testicules du lapin et de leur produit.
Pl. I et VI.

Les testicules du lapin sont deux corps glanduleux, ovoïdes, situés en partie hors de l'abdomen, dans des poches particulières formées aux dépens de la peau (le scrotum), en partie dans l'abdomen, à l'entrée du canal inguinal. Dans l'individu que j'ai fait dessiner les testicules étaient entièrement logés dans la cavité abdominale; seulement leur extrémité postérieure formée par le renflement postérieur de l'épididyme, était engagée dans le canal inguinal et adhérait intimement au fond du scrotum (Pl. VI. fig. 66 et 67); le dartos était presque entièrement retourné et avait entraîné avec lui une grande partie de la peau du scrotum dont on ne voyait plus qu'une petite portion à l'extérieur. Le muscle crémaster adhérait au dartos et formait avec lui, autour du renflement postérieur de l'épididyme, un gros bourrelet circulaire. Ce muscle enveloppait le testicule et se continuait avec les muscles internes du bas-ventre, d'un côté, tandisque, de l'autre, il s'attachait à l'arcade pubienne. Le crémaster formait donc un véritable sac qui permittait au testicule de rentrer facilement dans l'abdomen ou de descendre dans les bourses.

Les testicules ainsi placés à l'entrée du canal inguinal et appliqués contre la paroi interne des muscles abdominaux, avaient leur grosse extrémité dirigée en avant et en dehors, leur bord convexe regardait en dehors et en arrière, leur bord droit en dedans et en avant. Le péritoine leur formait une bride très-mince qui s'engageait ensuite dans le canal inguinal; ils étaient en outre retenus par le cordon des vaisseaux spermatiques, cordon chargé de graisse, qui s'insérait à l'extrémité antérieure du testicule et le long de son bord antérieur et interne. De l'extrémité postérieure du testicule on voyait sortir le canal déférent qui se portait immédiatement en dedans, vers la vessie urinaire, en croisant la direction des uretères. Les testicules, avec l'épididyme, mesuraient 26 millim. de longueur, 13 de largeur et 9 d'épaisseur.

Le testicule se compose de deux parties bien distinctes, l'albuginée ou son enveloppe extérieure et sa substance propre.

L'albuginée est une membrane mince, mais résistante, de nature fibreuse, qui adhère très-faiblement à la substance propre du testicule (conduits séminifères) et qui envoie dans l'intérieur de la glande un grand nombre de prolongements lamelleux entre les lobes dont elle se compose; ces lamelles très-minces servent à conduire les vaisseaux sanguins.

L'albuginée est évidemment composée de deux membranes: l'externe dense, fibreuse, brillante, est formée de fibrilles (fig. 2. pl. I) dont le diamètre n'excède pas 0,0013 ou 0,0018 mm. Ces fibrilles sont étroitement entrelacées et comme réunies par une matière granuleuse excessivement fine; elles appartiennent évidemment au tissu cellulaire ou connectif, et leur arrangement explique la résistance de la membrane, malgré son peu d'épaisseur.

La tunique interne de l'albuginée, intimement adhérente à l'externe, est plus épaisse, plus molle, celluleuse et vasculaire (fig. 3. pl. I). Les fibrilles qui la composent ont le même diamètre que les précédentes, mais elles sont moins nettement dessinées, quelquefois ondulées et entrelacées comme celles du tissu cellulaire ordinaire (tissu cellulaire amorphe). C'est dans l'épaisseur de cette membrane que rampent les vaisseaux sanguins, et c'est elle qui fournit les cloisons membraneuses de la glande, cloisons qui finissent par abortir au renflement désigné communément sous le nom de corps d'highmor *).

La substance du testicule est composée de lobes nombreux, de grandeur inégale, disposés transversalement et par couches superposées, et séparés les uns des autres par les cloisons de l'albuginée (fig. 1. pl. I). Cette séparation, cependant, n'est pas complète; on voit souvent deux lobes voisins communiquer entre eux par un conduit seminifère commun. Si l'on continue à séparer avec soin les lobes les uns des autres, on voit

---

*) Cette distinction de l'albuginée en deux lames, déjà établie par A. Cooper pour le testicule humain, confirmée par Al. Lauth (Mém. sur le testicule humain, dans Mém. de la Soc. d'hist. natur. de Strasbourg, Tom. I. p. 6), est tout à fait physiologique, chacune de ces deux lames ayant un usage particulier. L'externe en effet, purement fibreuse, sert d'enveloppe protectrice, et, sous ce rapport, peut être comparée à la dure-mère (A. Cooper); tandisque l'interne molle, lâche, celluleuse en un mot, sert, comme la pie-mère cérébrale, à soutenir et à conduire les vaisseaux (Note ajoutée en Décembre 1847).

que le testicule tout entier est formé d'un certain nombre de petites masses qui ne tiennent plus qu'au réseau des conduits séminifères (rete testis).

Les lobes du testicule sont constitués par les nombreux replis des tubes sécréteurs, unis entre eux par un tissu cellulaire assez résistant mais qui permet cependant de les dérouler. J'ai pratiqué sur plusieurs lobes cette opération longue et délicate. Les circonvolutions, assez lâches vers l'extrémité externe ou libre du lobule, deviennent beaucoup plus serrées et plus difficiles à séparer vers l'extrémité opposée, celle qui se termine au Rete testis *). On n'aperçoit d'abord, dans toute l'étendue du lobule, que les anses nombreuses formées par les replis du canal; mais en procédant avec attention, on ne tarde pas à rencontrer une extrémité borgne, origine du tube dont on suit les circonvolutions. Je n'ai trouvé que deux de ces origines dans un même lobule; elles étaient situées, l'une vers l'extrémité périphérique du lobule, l'autre vers son extrémité interne, et toutes deux cachées au milieu des anses du conduit séminifère. Les deux conduits marchaient en sens contraire à la rencontre l'un de l'autre, et se réunissaient vers le milieu du lobule pour former un canal unique dont le diamètre, malgré cette réunion, n'était pas sensiblement plus gros que celui des canaux primitifs. Je n'ai rencontré, dans un même lobule, qu'une seule anastomose, ce qui prouve encore qu'il n'y avait que deux canaux d'origine. On voit, d'après cela, que les canaux séminifères, dans le lapin, parcourent un très-long trajet avant de se réunir.

Les lobules qui résultent des nombreux replis des tubes sécréteurs forment ordinairement chacun une longue bandelette repliée sur elle-même par son milieu. C'est de l'extrémité interne de cette double bandelette que se détache le conduit séminifère commun de chaque lobule. Ce conduit se redresse au moment où il sort du lobule, s'amincit considérablement et

---

*) Al. Lauth a observé le contraire dans le testicule humain (o. c. p. 16).

se jette dans le rete testis. C'est à ces petits canaux redressés qu'on a donné le nom de ductuli recti. Plusieurs anatomistes, entre autres Al. Lauth, disent que ces conduits résultent souvent de la réunion de plusieurs canaux séminifères en un seul (o. c. p. 18); je n'ai jamais vu de réunion de ce genre; j'ai déroulé plusieurs lobules jusqu'au rete testis et toujours j'ai vu le canal se rendre directement au rete, sans s'unir auparavant à son voisin.

Les canaux séminifères avaient 0,22 mm. (environ $\frac{1}{5}$ de millim.) de diamètre dans toutes les parties de la glande. Ils étaient remplis de capsules spermatiques. Ces canaux étaient composés d'une membrane très-mince, transparente, sans structure appréciable, dont la surface interne était couverte de vésicules granuleuses épithéliales. Le diamètre de ces vésicules variait entre, 0,007 et 0,010 mm. Il est facile de s'assurer qu'elles adhèrent à la membrane propre du tube; il suffit d'inciser ce dernier à l'aide de fines aiguilles et d'agiter sous l'eau la membrane qui le compose; on ne parvient jamais à la débarrasser entièrement des vésicules qui la recouvrent; ce n'est qu'en la râclant avec l'aiguille qu'on finit par les détacher. On obtient souvent, en pratiquant cette manipulation, des lambeaux filiformes de la membrane auxquels tiennent encore les vésicules (fig. 4. pl. I).

Le canal enroulé qui constitue l'épididyme a la même structure; les vésicules qui tapissent sa membrane sont rangées les unes à côté des autres comme des cellules d'épithélium; elles sont également granuleuses et leur diamètre mesure aussi 0,008 à 0,010 mm. (fig. 5. pl. I). Quand on déchire sons le microscope, soit des conduits séminifères, soit des portions du canal de l'épididyme extraites d'un animal récemment tué, on voit s'écouler tout le contenu des canaux; les fragments de membranes qui résultent de la préparation ont l'aspect que nous venons de décrire. Il est donc hors de doute que ces petites vésicules font corps avec la membrane propre du tube et on doit les regarder comme un véritable épithélium.

Nous avons dit plus haut que les canaux séminifères aboutissent au rete testis par autant de tubes qu'il y a de lobules. Ces tubes (ductuli recti) sont beaucoup plus minces que les canaux séminifères eux-mêmes; ils mesuraient 0,04 mm. ($\frac{1}{25}$ de millim.) seulement, c'est à dire à peu près le cinquième du diamètre des canaux d'origine. Ce résultat me paraît d'autant plus singulier que, d'après Al. Lauth, le calibre des ductuli recti est de beaucoup supérieur à celui des vaisseaux séminifères (o. c. p. 18), dans le testicule humain. J'ai répété ces mesures sur un grand nombre de ductuli recti, toujours avec le même résultat.

Le rete testis que nous nommerons de préférence plexus séminal, à cause de sa composition, apparaît sous la forme d'une bandelette blanchâtre, longue et étroite, qui occupe toute la longueur du bord interne ou supérieur du testicule (fig. 1). Il avait, dans notre individu, 0,02 centimètres de longueur sur 0,0015 mm. de largeur et à peu près autant d'épaisseur. Il est recouvert par un tissu cellulaire assez lâche, résultant de la réunion des cloisons membraneuses du testicule (corps d'highmor), et formé par une multitude de cordons très-déliés, fréquemment anastomosés, de manière à constituer un véritable plexus à mailles étroites, allongées en losanges. Les cordons de mailles de ce réseau étaient de grosseur variable; les plus petits n'avaient que 0,03 mm., d'autres, en assez grand nombre, avaient 0,05 mm.; les plus gros, en très-petit nombre, mesuraient 0,1 mm. Ils avaient donc, en moyenne, à peu près le diamètre des ductuli recti.

Ce plexus séminal ne me paraît pas jouer simplement le rôle de réservoir, ni être destiné, comme on le dit généralement, à favoriser le mélange des produits sécrétés. La disposition réticulée des canaux qui le composent, en permettant au liquide spermatique un séjour plus prolongé dans l'intérieur de ces canaux, favorise le développement ultérieur des spermatozoïdes déjà formés ou des cellules qui doivent plus tard leur donner naissance.

De l'extrémité antérieure du plexus séminal on voyait sortir sept canaux plus gros que ceux qui constituaient le plexus lui-même; ils étaient unis entre eux par un tissu cellulaire assez serré et formaient ainsi un petit faisceau cylindrique. Après un court trajet, ces canaux d'abord droits se replient en ondulations très-rapprochées et forment autant de cônes allongés dont les sommets convergent vers le plexus, tandisque leurs bases onduleuses se jettent successivement dans le canal commun qui résulte de la réunion de ces cônes. Ce canal commun se replie à son tour sur lui-même un grand nombre de fois et constitue l'épididyme dont nous donnerons la description plus loin, quand il sera question des conduits excréteurs.

L'artère et la veine spermatiques forment un gros cordon entouré d'une abondante quantité de graisse et qui s'insère à l'extrémité antérieure du testicule. L'artère naît de la rénale correspondante; arrivée au bord antérieur du testicule, elle se divise en deux branches principales dont l'une pénètre dans la profondeur de la glande près de l'extrémité antérieure du plexus séminal; l'autre se porte le long du corps d'highmor et marche parallèlement à ce corps et au plexus jusqu'à l'extrémité postérieure du testicule. Ces artères fournissent des branches nombreuses dont les ramifications s'étalent sur les cloisons de l'albuginée. Les ramuscules les plus fins s'anastomosent fréquemment entre eux à la surface des lobules et entre les replis des conduits séminifères, dont ils suivent les contours. Les veines ont la même disposition que les artères; en sortant du testicule elles forment, le long de son bord interne, un plexus d'abord étalé, mais dont les mailles très-serrées se réunissent bientôt en un cordon cylindrique assez considérable connu sous le nom de corps ou de plexus pampiniforme, et qui se prolonge vers l'abdomen jusqu'à une assez petite distance de l'embouchure de la veine principale dans la veine cave.

Les conduits séminifères sont les organes producteurs des spermatozoïdes. Ils renferment pendant la vie et après la mort une quantité innombrable de corpuscules sphériques remplis de granulations et connus sous le nom de granules ou capsules spermatiques. Un groupe de canaux séminifères détachés de la surface du testicule immédiatement après la mort, contenait une immense quantité de ces capsules de dimension variable, extrêmement pâles, offrant presque toutes un petit noyau plus ou moins excentrique (fig. 6). Ces capsules étaient donc de véritables cellules en voie de formation ou de développement. Quelques-unes ne renfermaient aucune trace de granulation; dans les autres, les granulations avaient l'aspect d'un léger nuage. Le diamètre de ces capsules mesurait, en moyenne, 0,015 mm.; les plus petites avaient 0,007 mm., tandisque les plus grosses, assez peu nombreuses, avaient jusqu'à 0,025 mm. de diamètre. Le noyau de ces grosses cellules mesurait 0,003 mm. D'autres capsules, d'un diamètre assez constant (0,01 mm.), avaient un aspect ponctué, dû à un contenu granuleux bien apparent, et ne renfermaient plus du noyau; elles étaint en très-petit nombre relativement aux premières. Un certain nombre de vésicules graisseuses reconnaissables à leur bord fortement ombré et à leur transparence, se voyaient entre les capsules spermatiques; leur diamètre était de 0,008 mm. Je n'ai trouvé aucune trace de spermatozoïdes dans le liquide du testicule.

Le liquide extrait de l'épididyme ne contenait plus des capsules transparentes, mais fourmillait de spermatozoïdes, au milieu desquels on voyait un petit nombre de capsules granuleuses (fig. 7). Les spermatozoïdes, quoique ayant déjà leur forme, étaient encore très-petits et immobiles; quelques-uns seulement se balançaient avec lenteur.

Ce n'est que dans le canal déférent et dans la vésicule séminale que j'ai trouvé des spermatozoïdes entièrement développés, tels que je les ai fait représenter. Leur tête était aplatie, ovulaire, en raquette et offrait un aspect finement granulé. Sa longueur mesurait 0,007 mm. et sa largeur 0,005 mm. Je n'ai trouvé sur aucun d'entre eux l'enveloppe glutineuse en forme de capsule que M. Dujardin a signalée dans la cochon d'Inde [*]).

---

[*]) Annales des sc. nat. 2. Série. Tom. 8. p. 295.

La queue séparée de la tête par une petite ligne transversale, était très-longue, cylindrique, filiforme en arrière et mesurait 0,045 mm., c'est à dire environ 6 fois la longueur de la tête *). Les mouvements de ces spermatozoïdes étaient très-lents, ce qui permettait de mieux les observer; la tête était alors le plus souvent verticale, de manière à montrer l'épaisseur de son disque; la queue repliée sur elle-même formait la boucle.

Le liquide spermatique du canal déférent contenait, en outre, une petite quantité de cellules granuleuses, de grandeur variable, amoncelées en petits tas ou séparées; elles mesuraient de 0,005 à 0,007 mm.

La vésicule séminale renfermait une matière glaireuse, hyaline, comparable, pour son aspect, au corps vitré de l'oeil, et un liquide peu abondant au milieu duquel on voyait nager avec beaucoup d'agilité et se contourner dans tous les sens, une assez grande quantité de spermatozoïdes, ayant la forme et les dimensions de ceux du canal déférent.

Il résulte de ces observations que les éléments du sperme ne sont pas les mêmes dans toutes les régions de l'appareil sécréteur. Dans le testicule, ce sont les capsules pâles, nucléées **), qui prédominent; au milieu de ces capsules on trouve des vésicules graisseuses ou des vésicules granuleuses dont les dimensions sont à peu près les mêmes que celles des cellules épithéliales des tubes sécréteurs. Plus loin, dans l'épididyme, je n'ai plus rencontré de cellules pâles, mais bien des sperma-

---

*) M. R. Wagner a donné les mesures suivantes qui diffèrent à peine des nôtres: corps variant entre $\frac{1}{300}$ et $\frac{1}{400}'''$, rarement de $\frac{1}{250}'''$; queue $\frac{1}{40}'''$. M. Wagner fait remarquer que les spermatozoïdes du testicule sont très-paresseux, quelquefois entièrement immobiles. Je puis appliquer cette remarque à ceux de l'épididyme, car je n'en ai pas rencontré dans le testicule lui-même (*Fragmente zur Physiologie der Zeugung, in den baierischen Abhandlungen* 1837. p. 386).

**) R. Wagner les regarde comme des débris d'épithélium; il les a figurées dans ses Icones physiol. I. tab. I, fig. VI. Je crois aussi qu'elles proviennent de l'épithélium, mais je les regarde comme des transformations des cellules épithéliques. Ce qu'il y a de remarquable en effet, c'est leur grande abondance dans le testicule, tandisqu'elles disparaissent plus loin (Note ajoutée en Décembre 1847).

tozoïdes et des cellules granulées. Plus loin encore, dans le canal déférent et dans la vésicule séminale, j'ai de nouveau retrouvé les mêmes cellules granuleuses au milieu de spermatozoïdes entièrement développés. Il semblerait, d'après cela, que les cellules pâles, à noyau, constituent un premier degré de développement des cellules spermatiques, dans lesquelles apparaissent plus tard les spermatozoïdes.

Article II.
Des testicules du coq domestique et de leur produit.
Pl. I, II et VII.

Les testicules, dans le coq domestique (fig. 73. pl. VII), sont deux corps ovoïdes situés symmétriquement dans la partie la plus avancée de l'abdomen, immédiatement derrière le bord postérieur des poumons, sous les lobes antérieurs des reins, au dessus du foie et de l'estomac glanduleux. Ils sont rapprochés l'un de l'autre sur la ligne médiane du corps et fixés étroitement contre les reins et contre l'aorte par un court repli du péritoine. Celui-ci forme à chaque testicule un petit mésentère à deux lames, entre lesquelles rampent les vaisseaux sanguins de la glande. Entre les deux testicules se voient, en dessous, le gros tronc de la veine cave postérieure dans lequel aboutissent les veines rénales et les veines spermatiques, et, au dessus, l'artère aorte qui fournit à chaque testicule une petite artère spermatique.

Immédiatement au devant du bord antérieur du testicule gauche se trouve le tronc de la mésentérique supérieure, et, un peu plus en avant, le tronc coeliaque.

Les testicules du coq sont généralement ovoïdes, un peu atténués en arrière, comprimés latéralement et légèrement réniformes. Leur forme varie d'ailleurs suivant l'âge. Dans un jeune coq de l'année (fig. 73. pl. VII), leur extrémité postérieure était très-rétrécie; et, au lieu d'être appliqués contre le rein par toute l'étendue de leur surface latérale, ils étaient redressés, en sorte que leur bord externe ou convexe était devenu inférieur et leur bord interne supérieur. Les testicules de ce jeune coq avaient 11 millimètres de longueur, 5 de largeur et 4 d'épaisseur. Ceux d'un adulte âgé d'environ deux ans avaient 13 millim. de longueur sur 10 de largeur et 9 d'épaisseur en avant et 7 millim. seulement en arrière. Le testicule droit était un peu plus petit que le gauche.

Les testicules sont enveloppés d'une tunique albuginée assez épaisse, résistante et à travers laquelle je n'ai jamais pu distinguer les canaux séminifères. Cette albuginée est elle-même recouverte par une lame du péritoine. Elle est évidemment composée de deux couches intimement unies entre elles et difficiles à séparer: une couche externe fibreuse (fig. 8. pl. I.) et une interne qui offre un aspect finement velouté et qui est éminemment vasculaire. La couche externe se distingue de l'interne, parceque les fibres sont plus apparentes et très-serrées. Dans les deux couches on trouve ces fibres couvertes de corpuscules irréguliers, granuleux, translucides, et quelquefois des très-petites cellules avec un noyau. Ces fibrilles mesurent $0,0013$ mm.; les corpuscules nucléaires qui les recouvrent ont en moyenne $0,007$ mm.

C'est dans l'épaisseur de la couche interne de l'albuginée que rampent les artères et les veines du testicule, en formant des arborisations extrêmement fines qui finissent par se résoudre en un réseau à mailles irrégulières, avant de pénétrer dans l'épaisseur de la glande (fig. 15. pl. II).

L'albuginée n'adhère pas au tissu propre de la glande; on peut la détacher avec facilité sans déchirer les canaux séminifères, et l'on voit qu'elle ne fournit aucune cloison membraneuse analogue au corps d'highmor des mammifères. Les seuls prolongements celluleux qu'on rencontre dans l'épaisseur du testicule sont des filaments très-grêles qui accompagnent les vaisseaux sanguins. Cependant il ne faudrait pas conclure de cette observation que les cloisons de l'albuginée manquent chez les oiseaux; il paraît qu'elles existent dans les espèces de grande taille, ainsi qu'il résulte des recherches de M. Duvernoy sur le casoar à casque *).

Les canaux séminifères examinés dans le coq adulte sont des tubes très-déliés, à parois molles, très-délicates, distendues par le contenu granuleux qui les remplit, et dont les nombreuses circonvolutions sont tellement serrées les unes contre les autres qu'il est difficile, au premier abord, de distinguer leurs limites respectives (fig. 9. pl. I). Ce n'est qu'en enlevant des lambeaux de la surface et en cherchant à séparer, sous le microscope, les tubes séminifères, qu'on finit par distinguer leur arrangement.

Ces tubes ne forment pas, comme dans le lapin, des ondulations assez régulières, mais ils se replient dans tous les sens, se pelotonnent et s'entrelacent de telle façon qu'il est impossible de les dérouler complètement. La rareté et l'extrême ténuité du tissu cellulaire qui les unit sont encore des causes qui en rendent la préparation difficile. Aussi ne m'a-t-il pas été possible de découvrir les extrémités borgnes de ces canaux, ni de m'assurer s'ils forment entre eux des anastomoses.

Le diamètre des canaux séminifères était de 0,15 à 0,17 mm., c'est à dire inférieur à celui des tubes séminifères du lapin. Je les ai trouvés composés d'une membrane très-finement granulée dont la surface interne était tapissée de vésicules adhérentes à la membrane (fig. 10. pl. I). Ces vésicules qui avaient, en moyenne, un diamètre de 0,01 mm., étaient les unes transparentes, les autres remplies de granulations. Dans les pièces conservées dans l'alcool, les vésicules granuleuses qui remplissaient les canaux séminifères mesuraient 0,007 à 0,012 mm., diamètre correspondant assez bien à celui des vésicules adhérentes.

Malgré des recherches assidues, il ne m'a pas été possible de distinguer l'arrangement des canaux séminifères vers le bord interne de la glande, ni par conséquent, de découvrir un plexus séminal analogue à celui des mammifères. J'ai vu seulement que les canaux efférents, plus gros

---

*) Leçons d'anat. comparée de G. Cuvier; 2e édit. Tom. VIII. p. 111.

que les tubes séminifères, sortent du bord interne du testicule, au nombre de 6 à 8 réunis en un paquet vers le tiers antérieur de la glande. Ces canaux se dirigent obliquement en arrière et se jettent dans l'épididyme. Si l'on considère la ténuité des canaux qui constituent le rete testis dans le lapin; si l'on fait attention à la différence de structure des canaux séminifères qui sont assez résistants pour pouvoir être séparés dans les mammifères, tandisque dans les oiseaux et dans le coq en particulier, ils sont tellement mous qu'on les déchire au moindre attouchement, on comprendra qu'il doit être très-difficile de mettre à découvert le plexus séminal, si toutefois il existe réellement.

J'ai examiné sur plusieurs coqs vivants le contenu des tubes séminifères; je n'ai jamais pu y découvrir de spermatozoïdes. Les tubes étaient remplis de vésicules spermatiques mélangées à une immense quantité de gouttelettes huileuses et de vésicules transparentes comme ces dernières, mais beaucoup plus petites. Ces vésicules, dont les plus grosses ne mesuraient que 0,0017 mm., étaient surtout très-nombreuses dans un jeune coq tué au mois d'Octobre (*a*. fig. 12. pl. I); elles étaient douées d'un mouvement d'oscillation très-lent, mais régulier, comme celui de corps légers que balanceraient les ondulations du liquide. Ces petites vésicules étaient moins abondantes dans le vieux coq *).

D'autres vésicules plus grandes, immobiles (*c*. fig. 12. pl. I), évidemment de nature graisseuse, avaient un diamètre de 0,005 mm. et même davantage. Elles étaient en plus grande quantité que les petites vésicules

---

*) Mr. R. Wagner parle aussi de très-petites molécules douées du mouvement brownien, qu'il a rencontrées dans le sperme de plusieurs animaux, mais jamais d'une manière constante. M. Wagner ne se prononce pas sur leur nature et il est disposé à les regarder comme des molécules détachées d'autres corpuscules, plutôt que comme des granules particuliers *(Lehrb. der Physiol. p. 9)*. — Cette interprétation ne me paraît pas devoir être admise; je crois qu'il est plus naturel de regarder ces petites vésicules comme le premier degré d'organisation du cytoblastème, comme des vésicules primitives, en un mot (Décembre 1847).

mobiles et beaucoup plus nombreuses dans le jeune coq que dans le coq adulte.

Enfin les capsules spermatiques se distinguaient par leur aspect granuleux. Elles étaient globuleuses et renfermaient des granules ou plutôt des vésicules transparentes du même diamètre que les petites vésicules isolées. Dans le jeune individu la plupart de ces capsules ne renfermaient qu'un très-petit nombre de granulations très-pâles; quelques-unes même étaient transparentes (*b.* fig. 12). Dans le coq adulte au contraire, ces capsules étaient presque toutes composées et mesuraient 0,017 mm.

Je suis porté à regarder les petites gouttelettes mobiles comme les éléments qui doivent servir à former plus tard les capsules spermatiques. Il est possible que ces petites vésicules se réunissent et s'entourent d'une membrane pour former une grande capsule; quoiqu'il en soit de cette explication hypothétique, la quantité relative des petites vésicules comparée à celle des capsules spermatiques dans le jeune coq et dans le coq adulte, et la ressemblance entre ces petites vésicules et les granules que renferment les capsules, sont des faits très-dignes d'attention *). On remarquera aussi la plus grande abondance des gouttelettes huileuses dans le jeune coq.

Telle était la composition du liquide extrait du testicule. Les spermatozoïdes n'existaient que dans le canal déférent, et en assez petite quantité peut-être à cause de l'époque avancée de l'année (Octobre). Leur corps était allongé, cylindrique, long de 0,015 sur 0,0018 mm. de largeur; la queue grêle, effilée, ne dépassait que de très-peu la longueur

---

*) M. Lallemand a trouvé dans le sperme extrait de la surface du testicule d'un jeune coq, des corps sphériques très-petits, fort brillants, et d'une mobilité extraordinaire (ce sont les petites vésicules mobiles dont je viens de parler). Dans le reste du testicule ils étaient mêlés aux zoospermes. L'épididyme et le canal déférent ne renfermaient que des zoospermes seuls plus grands et plus mobiles (Sur l'origine et le mode de développement des zoospermes; Ann. des scienc. nat. 2ᵉ Sér. Tom. XV. p. 30 et s. Déc. 1847).

du corps; elle mesurait 0,02 mm. (fig. 11. pl. I). Les mouvements de ces spermatozoïdes étaient très-lents, quoiqu'ils aient été observés immédiatement après la mort de l'animal. Le corps flottait à la surface du liquide; la queue se repliait le plus souvent en anse, de manière à former la boucle; quelquefois, après avoir pris cette position, elle se débandait comme un ressort et les mouvements se faisaient alors par saccades *).

Article III.
Des testicules du lézard des souches (L. stirpium) et de leur produit.
Pl. I. II. VII et XVI.

Les testicules du lézard sont deux corps ovoïdes, un peu rétrécis en arrière, disposés symmétriquement, vers le milieu de la cavité abdominale, sur les côtés de l'estomac, au dessus de ce viscère et du paquet des intestins (fig. 163. pl. XVI). Ils sont retenus de chaque côté de la colonne vertébrale par un court repli du péritoine qui leur sert de mésentère et fixés en outre par une petite bandelette ligamenteuse qui part de leur bord postérieur et va se perdre sur la veine cave correspondante. Le testicule droit, plus avancé que le gauche, est placé immédiatement derrière le lobe droit du foie auquel il adhère par l'intermédiaire de la veine cave qui pénètre dans ce lobe, après avoir longé le bord interne du testicule.

Les testicules sont entourés d'une albuginée très-mince, quoique résistante, à travers laquelle on distingue parfaitement les conduits séminifères (fig. 17. pl. II). Cette membrane est parcourue par de nombreux vaisseaux qui forment à sa surface des réseaux à mailles allongées, irrégulières, assez grandes (fig. 16. pl. II). L'albuginée n'envoie dans l'intérieur du testicule aucune cloison membraneuse, mais seulement des prolongements filamenteux qui accompagnent les vaisseaux sanguins.

---

*) Les figures que nous donnons de spermatozoïdes du coq ressemblent assez à celle qu'a publiée R. Wagner; seulement cet observateur leur donne une queue filiforme, représentée par un simple trait (Icones physiol. I. tab. I. fig. IV. i).

Cette membrane est composée de fibres disposées comme celles de l'albuginée du coq et du lapin. On peut aussi la diviser en deux couches, ou pour mieux dire, on peut détacher des lambeaux d'une tunique intérieure d'un aspect ponctué, composée de très-petits corpuscules granuleux, transparents (fig. 14. pl. I). La tunique externe offre des stries extrêmement fines (fig. 13), qui ne mesurent pas plus de 0,0015 mm., et qui se détachent à peine du tissu granuleux amorphe qui constitue la base de la membrane.

Les canaux séminifères sont enroulés sur eux-mêmes comme des circonvolutions intestinales (fig. 17). Ils naissent par un certain nombre d'extrémités borgnes que l'on rencontre çà et là entre les replis des tubes, et ils sont unis les uns aux autres par des anastomoses qui m'ont paru être très-peu nombreuses, mais qui existent positivement (fig. 18); ces anastomoses se font sous des angles droits, comme chez le lapin. Le diamètre de ces canaux était d'un quart de millimètre; ils sont donc plus gros que ceux des oiseaux et des mammifères. Ils sont formés, comme ces derniers, d'une membrane glanduleuse transparente, très-mince, dont la surface interne est couverte de vésicules arrondies, du diamètre de 0,006 mm., adhérentes à la membrane fondamentale, comme dans le lapin et dans le coq.

Les canaux séminifères d'un lézard examiné le 28. Avril regorgeaient de fluide séminal et renfermaient différents produits (fig. 19. pl. II): des spermatozoïdes, des capsules spermatiques, des globules framboisés plus gros que ces dernières et de globules graisseux.

Les spermatozoïdes, animés d'un mouvement très-agile, avaient un corps cylindrique ou un peu fusiforme long de 0,01 sur 0,0015 mm. de largeur. La queue excessivement fine, très-difficile à voir dans toute son étendue, mesurait 2 à 3 fois la longueur du corps (0,02 à 0,03 mm.).

Les capsules spermatiques étaient discoïdes, remplies de granulations pâles, et mesuraient, la plupart, 0,01 mm. (*B*. fig. 19). Au milieu de ces capsules on voyait un nombre assez considérable de grosses sphères à surface granuleuse et comme framboisée, ayant le double des précédentes (0,02 mm.) et quelquefois même davantage (*C*. fig. 19). Les granulations qui composaient ces sphères avaient à peine 0,002 mm. de diamètre. Quand on les désagrégeait en les comprimant légèrement, on les voyait nager avec agilité dans toutes les directions, en sorte que j'ai pris d'abord ces globules pour des agglomérations de spermatozoïdes. Du reste le mouvement de ces corpuscules ne ressemblait pas au mouvement moléculaire proprement dit. Il est probable que ces corps globuleux sont des amas de vésicules adipeuses; le mouvement de leurs granules isolés me rappelait celui des petites vésicules transparentes du coq; seulement il était beaucoup plus vif dans le lézard. Mr. R. Wagner donne à ces globules que je désigne sous le nom de framboisés, un diamètre de $\frac{1}{80}$ᵉ de ligne, et les compare aux follicules graisseux de l'iris du chat-huant [*]).

Les globules graisseux, en assez grande quantité, étaient, comme à l'ordinaire, sphériques, transparents, réfractant fortement la lumière; leur diamètre variait entre 0,002 et 0,004 mm. (*D*. fig. 19).

Je n'ai trouvé, dans le testicule du lézard, aucune trace de plexus séminifère; les canaux percent l'albuginée vers la partie antérieure du bord supérieur et externe du testicule, au nombre de 4 à 5, pour se jeter dans l'épididyme. Ces canaux efférents sont plus grêles que les conduits séminifères eux-mêmes, ce qui me porte à les regarder comme les analogues des ductuli recti du testicule du lapin.

Les testicules des lézards ne sont pas accompagnés de lobes graisseux, mais on trouve au devant du bassin, sur les côtés du rectum et de la vessie, une large bandelette blanche ou jaunâtre, de nature graisseuse (*aa'* fig. 173. pl. XVII), disposée en travers et enveloppé par le péritoine qui est remarquable, dans ce reptile, par sa couleur noire. Cette bandelette se compose de deux moitiés ou lobes qui se replient de chaque côté. Elle est beaucoup plus développée au printemps qu'en été et en

---

[*]) Fragmente etc. (Baierische Abhandl. 1837. p. 391).

automne et se rencontre dans les deux sexes, mais elle est plus forte dans le mâle que dans la femelle. Des vaisseaux qui rampent le long du bord postérieur de cette bandelette envoient leurs ramifications dans son intérieur. Elle est composée de vésicules adipeuses, comme les appendices graisseux que nous décrirons dans les batraciens.

Le testicule reçoit directement ses artères de l'aorte. Celle-ci collée contre la colonne vertébrale, envoie de chaque côté 7 à 8 rameaux très-déliés qui se portent au testicule, à l'épididyme et au rein. Les artères spermatiques se distribuent dans l'épaisseur de l'albuginée, comme nous l'avons dit plus haut, et pénètrent entre les circonvolutions des canaux séminifères. La veine cave du côté droit longe le bord interne de l'épididyme, forme un coude derrière le testicule, se place le long du bord interne de cette glande et pénètre dans le foie. La veine cave gauche a la même disposition; elle est unie à la première par une grosse veine d'anastomose qui s'étend transversalement entre les deux veines. Dans leur trajet chacune des veines caves reçoit les veines du canal déférent, de l'épididyme et du testicule.

Article IV.

Des testicules de la grenouille (rana esculenta et rana temporaria) et du triton crêté (triton cristatus) et de leur produit.

Pl. II et VIII.

Les testicules des grenouilles ont la forme de deux corps ovoïdes, un peu comprimés latéralement. Ils sont situés dans la partie moyenne de la cavité abdominale, immédiatement au dessous de la partie antérieure des reins, de chaque côté des circonvolutions intestinales et au dessus d'elles. Ils se trouvent tous deux à peu près au même niveau, cependant le droit est un peu plus avancé que le gauche. Ils sont retenus en position par des replis du péritoine qui leur servent de mésentère. Le péritoine en effet, après avoir formé le mésentère qui suspend l'estomac et les intestins, se porte latéralement jusqu'au testicule, l'enveloppe et se réfléchit de nouveau contre la face inférieure du rein. C'est entre les deux feuillets qui résultent de cette disposition que marchent les vaisseaux du testicule et les canaux séminifères efférents. Le bord postérieure du testicule est fixé par une bride péritonéale qui s'attache le long de l'uretère et le long du bord interne de la vésicule séminale. Son bord antérieur donne attache à une partie des appendices adipeux.

Le volume des testicules varie beaucoup dans les grenouilles, comme on en a fait depuis longtemps l'observation. Très-petits en été, ces organes acquièrent un développement considérable en automne, dès le mois de septembre et surtout au printemps.

Le testicule des grenouilles est constitué, comme celui des vertébrés dont nous avons traité jusqu'ici, par les canaux préparateurs de la liqueur fécondante et par une tunique d'enveloppe, l'albuginée. Celle-ci est essentiellement fibreuse et vasculaire. On peut y distinguer une couche externe composée de fibrilles excessivement fines, comme celles de l'albuginée du lézard, et une couche interne dont on peut détacher des lambeaux, quoique avec assez de peine, à cause du peu d'épaisseur de l'enveloppe. Cette couche interne est plutôt granuleuse que fibreuse et parsemée de quelques petites vésicules transparentes.

Les vaisseaux sanguins du testicule forment dans les parois de cette couche interne un réseau à mailles polygonales (fig. 20. pl. II), de grandeur inégale, et dont les cordons entourent les extrémités en cul-de-sac des canaux séminifères (fig. 21). Quand on examine l'albuginée par sa surface interne, on voit des membranes très-minces se détacher du contour des mailles et pénétrer sous la forme de cloisons rudimentaires entre les tubes spermatiques. On ne peut suivre ces lamelles jusque dans l'épaisseur de la glande, soit à cause de leur ténuité, soit parceque elles se résolvent en filaments celluleux qui accompagnent les vaisseaux sanguins. Quoiqu'il en soit, ces cloisons incomplètes sont les indices d'une disposition qui existe dans les testicules des salamandres et dont nous parlerons plus loin.

Les canaux séminifères se présentent sous la forme de tubes cylindriques qui affectent deux dispositions différentes (fig. 22 et 23. pl. II). Les uns sont droits, rangés parallèlement les uns aux autres tout autour de la glande dont ils forment comme la portion corticale; leurs extrémités périphériques se terminent en cul-de-sac, contre la face interne de l'albuginée et occupent l'intérieur des mailles du réseau vasculaire (fig. 21). Les autres, au contraire, sont contournés en forme d'intestins ou de circonvolutions cérébrales et occupent le centre de la glande dont ils composent la partie qu'on pourrait appeler médullaire.

Sur un testicule long de 15 millim., sur 6 mill. d'épaisseur, les tubes séminifères corticaux avaient, en moyenne, 3 millim. de longueur, sur ½ mill. de largeur; ces tubes étaient plus courts le long du bord interne de la glande. On pourrait croire qu'ils se continuent avec les tubes du centre, parceque ils paraissent un peu se rétrécir en arrière, mais je me suis assuré que cette continuité n'existe pas et que les tubes corticaux sont fermés en arrière comme en avant. Ce sont donc des utricules clos à leurs deux extrémités. Les tubes entortillés du centre sont un peu plus gros que ceux de la circonférence; il est impossible de les dérouler sans les briser, tant à cause de leur mollesse, que parcequ'ils sont étroitement serrés les uns contre les autres. Quelques uns de ces tubes paraissent bifurqués; ce sont probablement des anastomoses analogues à celles que nous avons vues dans le lapin et dans le lézard. Cependant je ne saurais dire si cette bifurcation est réelle ou si elle provient de la préparation.

Les canaux séminifères sont constitués, comme ceux que nous avons vus précédemment, par une membrane extrêmement mince, sans structure appréciable, couverte intérieurement de cellules granuleuses arrondies qui adhèrent à ses parois et dont le diamètre est exactement le même que celui des capsules spermatiques: ce diamètre était de 0,01 mm.

Les canaux spermatiques ne paraissent pas se réunir en réseau avant de sortir du testicule. Les canaux efférents sont très-grêles, beaucoup plus fins que les conduits séminifères eux-mêmes. Ils sortent du testicule au nombre de trois ou quatre, par un léger sillon qui se voit le long de la face dorsale de la glande, vers le quart interne de sa largeur. Ils accompagnent les vaisseaux sanguins et se dirigent, comme eux, vers le rein. La plupart des auteurs qui ont décrit les testicules des grenouilles paraissent avoir pris pour les canaux efférents les vaisseaux sanguins eux-mêmes, ou du moins une partie d'entre eux; mais les canaux efférents se distinguent des vaisseaux parcequ'ils sont beaucoup plus grêles, parcequ'ils ne sont pas bifurqués et enfin par leur contenu granuleux qui est le même que celui des canaux séminifères. Je regarde aussi ces canaux efférents comme les analogues des ductuli recti des mammifères.

Les artères du testicule se détachent à angles droits de l'aorte, à des distances variables, se portent vers le bord interne du rein, percent le péritoine et pénètrent dans le testicule par le sillon longitudinal de sa face dorsale. Ces artérioles se subdivisent en ramuscules très-déliés qui traversent toute l'épaisseur de la glande, entourent les utricules séminifères corticaux et forment à la surface interne de l'albuginée le réseau à mailles polygonales dont il a déjà été fait mention. Les veines, plus grosses que les artères, accompagnent celles-ci et se jettent dans la veine cave.

Au devant de chaque testicule se voit un groupe d'appendices graisseux, de couleur jaune-orange, composé de languettes simples ou digitées, réunies à leur base et qui adhèrent intimement, par une grande partie de cette base, au bord antérieur du testicule. Cette adhérence est telle qu'on ne peut détacher entièrement les corps graisseux sans détruire l'albuginée. La longueur des bandelettes, leur nombre et même leur forme varient suivant les individus et suivant l'époque de l'année. Elles sont très-développées et turgescentes au printemps et en automne, grêles et flasques au contraire en été, pendant les mois de mai, juin, juillet et août [*]). Chaque bandelette et parcourue dans toute sa longueur par une

---

[*]) Rathke a fait remarquer, il y a longtemps, que les appendices adipeux sont très-déve-

artère et par une grosse veine dont les ramifications se divisent sur les cellules graisseuses qui composent ces appendices. Dans un assez grand nombre de grenouilles mâles j'ai trouvé collée contre l'extrémité postérieure de chaque testicule, ou seulement d'un côté, une petite capsule adipeuse arrondie ayant la même structure que les appendices antérieurs. Ces capsules paraissaient comme des végétations de la glande spermatique et faisaient corps avec elle. Cette particularité fait voir que les appendices adipeux appartiennent aux testicules plus spécialement qu'aux reins avec lesquels ils ont aussi des rapports étroits. Ce sont des dépôts de graisse destinés à fournir au testicule les éléments dont il a besoin pour le développement des matériaux sécrétés par cette glande.

J'ai rencontré plusieurs fois des appendices graisseux entièrement farcis de petites concrétions blanches, opaques, arrondies, de 1 à 2 millim. de diamètre. Vues au microscope ces concrétions étaient composées d'aiguilles soyeuses d'une finesse extrême; à la lumière directe ces aiguilles avaient un aspect satiné et rappelaient la composition de l'asbeste; ce sont donc des groupes de cristaux de margarine ou d'acide margarique.

Les canaux séminifères des grenouilles renferment trois sortes de produits: des spermatozoïdes libres, des capsules spermatiques et des globules graisseux. Sur une grenouille verte, prise au milieu du mois de septembre, les testicules étaient encore petits, inégalement bosselés et comme formés par l'agglomération de glandes plus petites. Ils contenaient des spermatozoïdes très-agiles, mais en petit nombre en proportion des capsules. Leur corps était allongé un peu acuminé en avant, cylindrique (fig. 25. pl. II), de 0,020 mm. de longueur, sur 0,004 mm. de largeur *). La queue était 5 à 6 fois plus longue que le corps, très-

---

loppés en automne et qu'ils s'accroissent d'autant plus rapidement que l'animal est mieux nourri (de Salamandrarum corpor. adiposis; Berol. 1818. 4.).

*) Prévost et Dumas ont trouvé le corps long de 0,026 mm. (Ann. des sc. nat. Tom. I. p. 292); R. Wagner lui donne 0,01 de ligne mais il représente la queue un peu plus longue seulement que le corps (Fragmente etc. p. 392).

effilée, comprimée latéralement. Dans presque tous les spermatozoïdes cette longue queue était entortillée sur elle-même en forme de vrille ou de tire-bouchon; quelques-uns, en petit nombre, la traînaient après eux, elle formait alors des ondulations serpentiformes. Cette queue et le corps entier étaient agités d'un mouvement de trépidation continuel qui déplaçait les capsules environnantes. Dans les mouvements de translation le corps était à peu près horizontal, la queue inclinée; quelques-uns s'avançaient par saccades.

Les capsules spermatiques de cette même grenouille (b' b' fig. 25) étaient globuleuses; elles mesuraient en moyenne 0,01 mm., quelques-unes 0,015. Elles renfermaient des granulations transparentes, semblables à de très-petites vésicules huileuses, en nombre peu considérable dans la plupart; ces capsules étaient douées d'un mouvement de rotation sur leur axe très-lent, mais très-distinct.

Outre ces capsules génératrices le liquide spermatique renfermait une grande quantité de vésicules graisseuses, de dimension variable, mais toutes plus petites que les capsules elles-mêmes.

La forme des spermatozoïdes que je viens de décrire concorde très-bien avec les descriptions qu'on donne généralement de ces productions organiques dans les grenouilles (Leçons d'anat. comp. Tom. 8. p. 147), et en particulier avec les figures publiées par R. Wagner (Fragmente etc. pl. II. fig. 16); mais il paraît que ces productions varient suivant l'âge, car les spermatozoïdes dont je vais parler et qui ont été observés sur une grenouille rousse adulte et de grande taille, diffèrent beaucoup de ceux de la grenouille verte.

Cette grenouille rousse observée vers la fin d'octobre et chez laquelle les renflements spongieux des pouces étaient déjà considérables, avait ses tubes séminifères remplis de grosses capsules séminales qui se désagrégeaient promptement par l'action de l'eau, ou par la plus légère pression et se divisaient en mèches de spermatozoïdes (*c.* fig. 26). Les capsules et les mèches isolées étaient en mouvement; celles-ci surtout se remuaient avec rapidité et se portaient en avant ou tournoyaient sur elles-mêmes.

Les spermatozoïdes (*a*. fig. **26**) avaient une tête en raquette qui se continuait insensiblement avec la queue; cette tête présentait au centre un intervalle plus clair, bordé d'un double contour. J'ai cru d'abord que cette forme de raquette était produite par un fil replié sur lui-même en boucle; j'aurais eu alors sous les yeux la queue du spermatozoïde et non pas sa tête; mais en examinant avec l'attention la plus soutenue le même individu dans toute sa longueur, j'ai vu distinctement qu'à partir de cette extrémité en raquette, le corps allait en s'atténuant et se terminait par une portion effilée presque imperceptible. J'ai continué cette observation plusieurs heures de suite et j'ai examiné attentivement un très-grand nombre de spermatozoïdes sous un grossissement de **800** et de **1000** diamètres; j'ai constamment trouvé cette forme de la tête, déjà représentée et décrite, du reste, par MM. Prévost et Dumas, dans leur mémoire sur la génération [*]. Le corps ou plutôt la queue m'a paru avoir **6** à **7** fois la longueur de la tête. Cette queue apparaît d'abord sous la forme d'un fil, mais quand on en suit les mouvements, on voit qu'elle est comprimée latéralement, comme la queue des tritons (*b*. fig. **26**). Elle mesure environ **0,0007** mm. en hauteur; elle devient effilée et peu à peu filiforme en arrière [**].

---

[*] „Leur tête est oblongue, aplatie et marquée dans son centre d'une tache plus claire" (Ann. des sc. natur. Tom. I. p. 281). — M. Dujardin représente les spermatozoïdes de la grenouille avec un corps cylindroïde, sans indiquer l'espèce; il leur donne pour longueur 0,052 mm. (Manuel de l'obs. au microscope, p. 100. pl. 4. fig. 17).

[**] Cette différence considérable entre les spermatozoïdes des deux grenouilles que je viens de citer ne me paraît pas être spécifique, puisque M. Duvernoy décrit les spermatozoïdes de la grenouille rousse comme ayant un corps grêle, en navette, effilé aux deux extrémités (Leçons, p. 147), comme je l'ai vu pour la grenouille verte. Je crois que c'est un effet de l'âge de l'animal, et cette observation me semble indiquer que, dans les grenouilles, les spermatozoïdes sortis de leur capsule n'ont pas encore atteint leur forme définitive, mais continuent à se développer. M. Duvernoy a fait une observation analogue sur les salamandres (Leçons, p. 153). (Note ajoutée en Décembre 1847.)

Les mouvements de ces spermatozoïdes étaient très-variés; la plupart se portaient en avant, en imprimant à la queue des inflexions latérales; quelques-uns tournoyaient sur eux-mêmes et s'élevaient à la surface ou disparaissaient dans la profondeur du liquide. Leur longueur totale était de 0,03 mm., celle de la tête n'atteignait que 0,005 mm.

Des globules graisseux de 0,0075 mm. et au dessous, se trouvaient en grande quantité dans le liquide, au milieu des fragments des capsules plus ou moins désagrégées. Les mèches qui composaient ces fragments étaient formées par l'agglomération d'un certain nombre de spermatozoïdes réunis par leurs têtes et dont les queues tournées vers la circonférence, étaient agitées d'un mouvement de vibration comparable à celui des cils vibratiles. Outre ces fragments de capsules, j'ai trouvé un assez grand nombre de corps arrondis framboisés (*d.* fig. 26), de grandeur variable, formés par l'agglomération de petites vésicules transparentes (peut-être les rudiments des corps des spermatazoïdes), et dont la surface était hérissée de filaments spermatiques déliés, en plus petit nombre que les vésicules. Ces gros globules, d'après cela, sont probablement des amas de spermatozoïdes, encore en voie de formation.

Dans le triton crêté (fig. 92. pl. VIII), il existe de chaque côté plusieurs testicules ou plusieurs renflements globuleux disposés à la suite les uns des autres et réunis par des étranglements. Ils sont situés sur les côtés de la ligne médiane, ceux du côté droit un peu plus avancés que ceux du côté gauche, et retenus par des mésentères particuliers, ils adhèrent intimement, chacun au poumon correspondant. Ces testicules ont, à l'œil nu, un aspect granuleux; examinés à un faible grossissement, on voit qu'ils se composent d'un amas de capsules séminifères, globuleuses ou elliptiques, enchâssées dans des cellules de même forme qui résultent de prolongements intérieurs de l'albuginée. Ces capsules étaient globuleuses dans les petits renflements, elliptiques au contraire dans les gros, circonstance qui fait voir qu'elles tendent à s'allonger à mesure qu'elles se développent. Chaque capsule séminifère, quelle que soit sa forme, est entourée d'une membrane assez résistante, quoique mince, qui va s'attacher à l'albuginée dont elle est, comme je viens de le dire, un prolongement. L'albuginée divise donc le testicule en une multitude de cellules polygonales (fig. 27. pl. II), comme une ruche d'abeilles, cellules qui renferment les utricules ou les capsules séminifères *). Ces dernières sont composées, comme les canaux séminifères des grenouilles, d'une membrane propre recouverte d'épithélium et d'un contenu granuleux; elles sont donc les organes sécréteurs de la liqueur spermatique. Dans les individus que j'ai examinés, ces vésicules glanduleuses avaient un diamètre de 0,4 à 0,5 mm.; les granules qu'elles renfermaient étaint formés par des faisceaux de spermatozoïdes réunis par leurs têtes pour constituer la petite sphère.

Les appendices graisseux, dans le triton crêté sont deux longues bandelettes situées le long du bord interne des testicules et retenues par des mésentères particuliers. En avant elles adhèrent au poumon et, en arrière, au dernier renflement glanduleux (fig. 92. pl. VIII).

Les testicules fournissent un petit nombre de canaux efférents qui vont s'ouvrir dans l'épididyme (b. fig. 93).

Les spermatozoïdes des tritons et des salamandres ont été étudiés par plusieurs anatomistes exercés, parmi lesquels nous citerons MM. R. Wagner, Duvernoy, Dujardin, Pouchet, sans que, jusqu'à présent, on soit tombé d'accord sur leur véritable structure. Mon but ne saurait être, en ce moment, de décider la question, d'autant moins que les moyens d'investigation dont je dispose ne paraissent pas suffisants pour bien distinguer toutes les parties de ces singulières productions.

Le liquide spermatique est rempli de ces petites sphères ou amas de spermatozoïdes dont j'ai parlé plus haut; ces sphères sont granuleuses, les extrémités antérieures du corps des spermatozoïdes sont comme enchâssées au milieu des granulations qui les composent, tandis que leurs portions

---

*) Voyez la description qu'en a donnée M. Duvernoy dans ses fragments sur les organes génito-urinaires des reptiles (Comptes-rendus, Tom. 19. p. 590).

effilées rayonnent tout autour de la petite sphère. Ces globes de spermatozoïdes, déjà visibles à l'oeil nu sous la forme de petits grains, se meuvent en totalité sur leur axe, en tournoyant sur eux-mêmes; leurs fragments se meuvent aussi dans des directions variées.

Au bout de quelques instants de séjour dans l'eau, l'extrémité la plus effilée de la queue se boucle et se retire ainsi de plus en plus vers le corps (fig. 28). Sous un grossissement de 400 diamètres, on aperçoit le long du bord convexe de chaque filament spermatique comme une série de petits grains qui se succèderaient avec rapidité et marcheraient vers l'extrémité libre du spermatozoïde. Cette apparence de granules en mouvement m'a semblé être due à la vibration de très-petits cils qui borderaient le corps et la queue dans toute leur longueur.

Lorsque les spermatozoïdes sont détachés de leur faisceau, ils s'enroulent sur eux-mêmes soit dans un même plan, soit en spirale. Il est très-difficile de distinguer les limites entre le corps et la queue, du moins dans le triton à crête. Le corps en effet est très-étroit et paraît se confondre insensiblement avec la queue (*B*. fig. 28); celle-ci est extrêmement déliée. Ces spermatozoïdes isolés se déplacent par des mouvements ondulatoires de tout le corps. Comme on ne peut les mesurer sous cette forme enroulée, il faut les asphyxier avec de l'alcool; ils périssent instantanément et s'étendent alors plus ou moins en ligne droite. Je leur ai trouvé 0,4 mm. de longueur sur 0,0025 mm. de largeur.

Malgré l'attention la plus soutenue, je n'ai jamais pu distinguer le fil en spirale qui, suivant plusieurs observateurs (MM. de Siebold, Dujardin, Duvernoy), entourerait à distance le corps de ces singulières productions et se fixerait à l'une et à l'autre extrémité. M. Duvernoy a vu un spermatozoïde plein de vie se glisser sous un autre spermatozoïde immobile et soulever ou laisser retomber ce dernier, suivant les mouvements d'expansion ou de contraction de la spirale (Leçons d'anat. comp., tom. 8. p. 147). Cette observation semblerait devoir être concluante en faveur de l'existence du fil en hélice; cependant j'ai encore peine à croire à cette disposition, parcequ'elle est exceptionnelle et qu'on n'en comprend pas bien l'utilité.

Outre les spermatozoïdes le liquide séminal renferme des capsules ou cellules spermatiques transparentes, faiblement granuleuses, munies le plus souvent d'un noyau vésiculeux très-petit qui paraît rapproché de la circonférence (*C*. fig. 28). Ces cellules varient en grandeur; j'en ai mesuré qui avaient 0,015 mm.; 0,020 et 0,025 de diamètre.

Enfin on trouve aussi des gouttelettes huileuses en quantité variable dispersées au milieu des cellules spermatiques et des spermatozoïdes.

Article V.

Des testicules du brochet et de leur produit.
Pl. II, III et XIX.

Les testicules du brochet, comme ceux des poissons osseux en général, consistent en deux longues bandelettes blanchâtres, prismatiques, connues sous le nom de laite, situées dans toute la longueur de la cavité viscérale, depuis le diaphragme jusqu'au voisinage de l'anus, sur les côtés de la vessie natatoire au dessus des viscères de la digestion (fig. 199. pl. XIX). Leur forme est celle d'un prisme à trois faces aminci à ses deux extrémités. La face externe, plane, est adossée contre les parois de la cavité viscérale; l'interne également plane, s'appuie contre la vessie natatoire; la face inférieure ou abdominale est légèrement arrondie. Les deux faces latérales sont inclinées l'une vers l'autre et se confondent en une arête qui règne le long de la région dorsale de la glande. Ces organes commencent en avant par une extrémité amincie; ils se rétrécissent considérablement en arrière, à mesure qu'ils approchent de leur terminaison. Dans l'individu que j'ai fait dessiner ils formaient un coude vers leur quart postérieur.

Chaque testicule est attaché en avant par une lame péritonéale, sur les côtés de l'oesophage, au dessus du bord antérieur du foie. Dans tout leur trajet, ils sont fixés sur les côtés de la vessie natatoire, par un long mésentère composé de deux lames qui s'insèrent le long de leur arête dorsale et dont l'interne se colle contre la vessie natatoire, tandisque l'éxterne s'élève davantage et s'attache le long de la colonne vertébrale. C'est entre les feuillets de ce long mésentère que rampent les artères et les veines du testicule.

Les dimensions des testicules d'un brochet pris au mois d'octobre et mesurant 23 centimètres du museau à l'anus, étaient les suivantes:

Longueur des testicules . . . . 0,13 m.
Largeur ou hauteur 0,006
Epaisseur 0,005

Sur un autre mâle pris au mois de mars et long de 0,38 centim. du museau à l'anus,

la longueur des testicules était de . . 0,17 m.
leur hauteur de 0,01
l'épaisseur du testicule droit de 0,012
celle du testicule gauche de 0,018

Les testicules de cet individu étaient plus gros et plus gonflés et présentaient vers leur tiers antérieur un renflement assez marqué.

Le testicule gauche plus long que le droit dépassait celui-ci, en arrière, de quelques millimètres.

L'étude de la structure du testicule des poissons est assez difficile, à cause de la ténuité des tubes sécréteurs et surtout à cause de leur mollesse. Quand on examine à la loupe la surface d'un testicule de brochet dont les vaisseaux ont été injectés, on voit saillir sous la membrane propre de la glande, une multitude de petits points blanchâtres, arrondis. Chacun de ces points est entouré d'un anneau vasculaire polygonal, en sorte que toute la surface de la glande est divisée en polygones vasculaires, formant un réseau à mailles serrées, au milieu desquelles viennent se placer les extrémités borgnes des canaux séminifères (fig. 31. pl. III). Ces mailles, de forme et de dimensions irrégulières, ont en moyenne un diamètre de

0,16 mm. (⅙ de mill.); sur les faces latérales de la glande elles sont plus allongées qu'à sa face inférieure.

L'albuginée, dans les parois de laquelle existe le réseau vasculaire dont je viens de parler, est une membrane très-mince, composée de fibres et de vaisseaux. Les fibres sont étroitement entrelacées et constituent un tissu finement feutré (fig. 32). Leur diamètre est de 0,0015 à 0,002 mm. La surface interne de cette membrane est inégale et présente de petites élévations, sortes de cloisons rudimentaires qui correspondent aux cordons des mailles et qui se prolongent entre les tubes séminifères.

Les canaux séminifères se montrent, sous l'albuginée, sous la forme de petits boyaux irrégulièrement repliés sur eux-mêmes, extrêmement serrés, adhérents les uns aux autres et réunis par petits paquets que séparent des cloisons membraneuses le long desquelles marchent les principales branches vasculaires. Ces cloisons sont donc comparables, tant sous le rapport de leur disposition que sous celui de leurs usages, aux cloisons du testicule du lapin. Leur existence plus facile à démontrer ici que dans les testicules de la grenouille, du lézard et du coq, s'explique d'ailleurs par la longueur de la glande et par la grande quantité des tubes séminifères qui la composent, circonstances qui n'auraient pas été favorables à la distribution des vaisseaux dans la glande, si les cloisons n'avaient pas existé.

Les canaux séminifères se terminent en culs-de-sac à la surface de la glande (fig. 31); mais ces derniers sont tantôt les extrémités des tubes, d'autres fois, et même le plus souvent, ces culs-de-sac ne sont autre chose que les anses des tubes repliés sur eux-mêmes. Cette disposition se voit principalement sur les faces latérales du testicule et c'est pour cette raison que les mailles vasculaires sont plus allongées dans ces régions.

Le diamètre moyen des tubes séminifères était de 0,13 mm. Leur membrane propre est une pellicule transparente, homogène, à laquelle adhèrent intérieurement de très-petites vésicules transparentes, dont le diamètre est à peine de 0,004 mm. (fig. 33). Ces canaux paraissent s'anastomoser dans l'épaisseur du testicule et se diviser en ramifications multiples; cependant je n'ai pu m'assurer positivement de ce fait, à cause de la difficulté qu'on éprouve à séparer les uns des autres, sans les rompre, ces tubes délicats *). Vers le bord supérieur du testicule, ils se réunissent évidemment pour former de gros troncs de dimension variable, qui percent de distance en distance le canal déférent et s'y ouvrent à angle droit ou obliquement, après avoir rampé quelque temps le long de ce canal marginal. Cette disposition donne aux canaux séminifères, vers le bord supérieur de la glande, un aspect palmé qu'on distingue très-bien à travers la membrane albuginée (fig. 30).

Les vaisseaux du testicule pénètrent dans cet organe par son bord supérieur; ils sont assez régulièrement espacés et se composent toujours d'une artère et d'une veine. Ces vaisseaux, après avoir percé l'albuginée au niveau du canal déférent, se recourbent en avant et en arrière en formant des arcades anastomotiques desquelles partent des vaisseaux plus petits. Ceux-ci pénètrent dans l'épaisseur de la glande en s'appuyant contre les lamelles membraneuses qui la divisent en lobules irréguliers, et arrivent à la surface pour former le réseau à mailles polygonales dont il a été question plus haut.

Les spermatozoïdes du brochet, comme ceux des poissons en général, sont extrêmement petits et difficiles à observer (fig. 34). Sur un mâle pris le 28. mars, la liqueur séminale extraite par compression du pore génital, fourmillait de spermatozoïdes; il en était de même de toutes les

---

*) Mr. J. Müller décrit les canaux séminifères de l'alose comme formant un réseau d'où partent des tubes ramifiés qui se terminent à la surface de la glande par de nombreux coecums (de glandularum secernentium struct. penitiore, p. 105. pl. XV. fig. 7). Rathke et Treviranus, cités par Müller, avaient déjà vu que les canaux séminifères des poissons présentent des bifurcations nombreuses. Malgré l'autorité de ces anatomistes distingués je ne puis affirmer que telle soit en effet la structure du testicule. Dans le brochet, du moins, les anastomoses ne m'ont point semblé assez fréquentes pour qu'on puisse comparer la disposition des tubes à un réseau (Décembre 1847).

parties de la glande. On les voyait s'agiter avec une rapidité extrême et tourbillonner dans tous les sens. Ils avaient la forme de très-petites vésicules globuleuses, transparentes, à bords fortement ombrés. La queue était difficile à distinguer, non seulement à cause de sa ténuité, mais aussi parceque les mouvements se faisaient presque toujours dans un plan vertical, suivant une ligne spirale; ce n'était qu'après avoir asphyxié les spermatozoïdes avec une goutte d'alcool que je parvenais à les voir assez nettement dans toute leur longueur pour les mesurer. Aussitôt, pour ainsi dire, qu'ils étaient morts et étendus sur la plaque de verre, leur queue paraissait plus large, ce qui tenait sans doute à une sorte de diffluence.

J'ai trouvé que la tête mesurait 0,0016 à 0,0020 mm. de diamètre *); la queue avait environ 10 fois cette longueur.

Je n'ai rencontré dans ce liquide ni capsules spermatiques ni vésicules graisseuses.

J'ai répété ces observations sur plusieurs autres brochets pris aux mois d'octobre et de novembre; les spermatozoïdes étaient moins agiles, mais tous libres comme ceux de la laite observée au printemps. En examinant une assez grande quantité de liquide séminal, j'ai rencontré çà et là quelques petites vésicules graisseuses ayant 4 à 5 fois le diamètre des spermatozoïdes, mais je n'ai pas trouvé une seule capsule spermatique.

Article VI.
Résumé comparatif.

Devant nous borner à faire ressortir les analogies que présente la composition des organes génitaux, nous n'aurons pas à nous occuper des différences nombreuses qu'on a observées dans les classes, les familles, les genres et même dans les espèces; ou nous ne parlerons de ces diffé-

---

*) M. Dujardin a trouvé les sparmatozoïdes de la carpe épais de $\frac{1}{400}$ de millim., ce qui correspond presque exactement à nos mesures (Ann. d. sc. nat. 2. Sér. Tom. XV. p. 300).

rences que d'une manière générale, pour montrer la marche de dégradation des diverses parties qui constituent ces organes.

Les glandes spermatiques ou spermagènes, chargées de préparer les éléments fécondateurs, nous offrent des analogies sous le rapport de leur situation, de leur composition, de leur structure et sous le rapport des produits qu'elles fournissent.

1. Situation et rapports. — Nous avons vu les testicules toujours situés dans la cavité abdominale, en rapport plus ou moins étroit, avec le foie et surtout avec les reins. Les mammifères seuls semblent faire exception; mais, outre qu'un grand nombre de ces animaux ont leurs testicules intérieurs, comme les monotrèmes, les édentés, les cétacés etc., il y en a plusieurs chez lesquels la glande peut descendre dans les bourses ou rentrer périodiquement dans l'abdomen; tels sont la plupart des rongeurs et tel est en particulier le lapin que nous avons choisi pour type de nos descriptions.

Les rapports étroits des testicules avec les reins s'expliquent très-bien par leur mode de développement. On sait en effet que les uns et les autres proviennent d'un organe embryonaire transitoire, les reins primordiaux, organe qui disparaît lorsqu'il a donné naissance aux testicules, d'une part, aux reins de l'autre. Or, on sait aussi que les groupes supérieurs appartenant à un type peuvent être considérés comme représentant les groupes inférieurs de ce même type à un degré de développement plus parfait. On ne sera donc pas étonné de rencontrer les testicules en rapport de connexion très-étroite avec les reins dans les batraciens, tandisque, dans les mammifères, ces rapports sont beaucoup plus éloignés: la séparation entre les deux ordres d'organes, qui a commencé à s'établir pendant la vie embryonaire, s'arrête plus tôt chez les batraciens, un peu plus tard chez les oiseaux, plus tard encore chez les mammifères; en d'autres termes le travail formateur est plus complet, plus parfait, chez ces derniers animaux et il tend à séparer plus complètement les unes des autres les différentes individualités organiques.

2) **Dépôts de graisse.** — Nous avons vu des dépôts de matière graisseuse plus ou moins abondante accompagner les testicules ou être situés à peu de distance de ces organes. Ces dépôts sont surtout très-abondants chez les batraciens, et, dans ces animaux, ils dépendent évidemment des testicules; mais on peut aussi considérer comme servant aux mêmes usages les lobes graisseux situés au devant du bassin dans le lézard, la graisse qui accompagne le cordon des vaisseaux sanguins dans le lapin, celle qui est déposée entre les lobes des reins des oiseaux et peut-être aussi la graisse des mésentères du brochet. Ces dépôts de matière grasse que nous trouvons si développés dès le commencement de l'automne, dans les grenouilles et dans les salamandres, sont évidemment destinés à fournir, ou tout au moins à développer les éléments nécessaires à la formation du fluide séminal *).

3) **Composition et structure.** — Les testicules sont composés essentiellement des mêmes parties dans tous les animaux vertébrés. Ces parties sont: une enveloppe fibreuse protectrice et destinée à soutenir les vaisseaux et des vésicules ou des tubes sécréteurs. La structure intime de ces deux parties essentielles est aussi identiquement la même. L'albuginée visiblement fibreuse du testicule du lapin, comme la membrane très-mince du testicule du brochet, sont composées de fibrilles très-déliées unies entre elles par une matière granuleuse amorphe, fibrilles qui appartiennent au groupe du tissu cellulaire condensé. Mais outre cette enveloppe extérieure protectrice et, pour cela, essentiellement fibreuse, nous avons montré qu'il existe toujours une couche interne plus molle, composée d'un tissu plus lâche, facile à reconnaître dans le lapin et dans le coq, mais qu'on ne peut plus séparer comme membrane dans les autres vertébrés;

---

*) M. Duvernoy, dans ses fragments sur les organes génito-urinaires des reptiles (Comptes-rendus, Tom. 19. p. 592) signale l'importance de la matière huileuse dans le développement et la nutrition des spermatozoïdes.

cette couche interne de l'albuginée est surtout vasculaire, et c'est elle qui envoie des cloisons membraneuses dans l'épaisseur de la glande.

Les vésicules, les utricules et les tubes séminifères sont formés par une membrane hyaline tapissée intérieurement d'une couche de vésicules ou de cellules arrondies qui en constituent l'épithélium. C'est d'ailleurs une structure comparable à celle des autres glandes en général et qu'on peut facilement observer, entre autres, dans les utricules biliaires des crustacés. La ressemblance qui existe entre ces vésicules épithéliales et les capsules libres qui remplissent les tubes séminifères permet de supposer que ces vésicules se détachent successivement des parois du tube, pour en occuper la cavité.

Les tubes séminifères sont tantôt plus ou moins longs et anastomosés entre eux (mammifères, reptiles, poisons et probablement aussi les oiseaux); tantôt raccourcis en utricules fermés à leurs deux extrémités (capsules séminifères corticales des grenouilles) tantôt plus raccourcis encore et formant des capsules arrondies ou peu allongées, comme on le voit dans les tritons et dans les raies. Ces différences ne doivent nous arrêter que sous le rapport de la subordination des divers groupes de vertébrés qu'elles peuvent entraîner. Ainsi comme les capsules appartiennent à un degré de développement moins avancé que les tubes, les batraciens seront, sous ce rapport, inférieurs aux poissons en général *).

Les organes sécréteurs de la liqueur séminale sont séparés les uns des autres par des prolongements celluleux de l'albuginée. Quand le testicule est divisé en lobes, ces prolongements sont des cloisons assez résistantes, comme on le voit dans les mammifères; quand au contraire les canaux séminifères ne sont pas ainsi réunis en groupes, l'albuginée n'envoie entre eux que des prolongements filamenteux (oiseaux, reptiles, gre-

---

*) Dans plusieurs groupes de poissons les testicules sont formés de capsules, tels sont les sélaciens, les anguilles, les lamproies, les myxines (*J. Müller*, *Untersuchungen über die Eingeweide der Fische*; berlinische Abhandlungen 1843, p. 109).

nouilles). Lorsqu'il n'existe que des capsules séminales, elles sont entourées de tous côtés par des cloisons qui s'appuient contre l'albuginée (tritons).

Tous ces arrangements ont pour objet principal de conduire les vaisseaux sanguins et de faciliter leurs divisions. Ces vaisseaux sont toujours arrangés de manière à être le plus exactement possible en contact avec les tubes sécréteurs. Voilà pourquoi, dans le testicule du lapin, on voit des ramifications extrêmement fines suivre les contours sinueux des canaux séminifères, disposition particulière aux glandes tubuleuses. Dans les grenouilles et dans les poissons, chez lesquels les tubes séminifères se terminent en culs-de-sac à la surface de la glande, on voit les vaisseaux former autour de ces culs-de-sac des mailles polygonales desquelles partent les ramuscules destinés à fournir aux tubes les matériaux de la sécrétion.

4) Produits sécrétés. — Les matériaux sécrétés par les tubes séminifères sont les mêmes dans toute la série des animaux vertébrés. Ce sont, comme nous l'avons vu, des spermatozoïdes, des capsules spermatiques et des vésicules graisseuses.

Les spermatozoïdes sont toujours très-petits, composés d'une portion antérieure discoïde, cylindrique ou globuleuse, suivant les ordres, et d'une partie effilée beaucoup plus longue que la première, en général, et qu'on distingue sous le nom de queue. Ils peuvent manquer dans les canaux du testicule, lorsque les parties accessoires et surtout l'épididyme, sont très-développées (mammifères, oiseaux). Quand il n'y a pas d'épididyme, ces canaux sont toujours remplis de spermatozoïdes. Cette circonstance peut aussi annoncer une différence dans la rapidité du développement de ces produits de l'organisme. Dans les mammifères le développement est plus lent que dans les autres animaux; nous avons vu, en effet, que la surface des lobes du testicule ne renfermait que des capsules à peine granulées, tandisque l'épididyme, qui contenait une proportion bien moins considérable de ces capsules, fourmillait de spermatozoïdes encore jeunes ; ce n'était que dans le canal déférent qu'on les rencontrait avec tout leur développement.

Les vésicules graisseuses jouent, sans aucun doute, un rôle très-important dans la formation de ces organes spermatiques. Leur abondance est toujours en proportion soit avec l'âge de l'animal, soit avec l'époque de l'année. C'est surtout chez les grenouilles que nous avons pu constater ces différences intéressantes. Chez les jeunes grenouilles et chez celles qui approchent de l'époque du frai, les vésicules graisseuses fourmillent dans le liquide séminal ; elles sont au contraire peu nombreuses chez les grenouilles adultes ou peu de temps après qu'elles ont déposé leur laite.

Chapitre second.

De la sphère productrice dans les femelles des animaux vertebrés, ou des ovaires et de leur produit

Article I.

Des ovaires du lapin.

Pl. III et IX.

Les ovaires du lapin sont deux petits corps ovoïdes, allongés, rétrécis en arrière, un peu comprimés de haut en bas. Dans la femelle en gestation que j'ai fait dessiner, les ovaires avaient 15 millim. de longueur sur 6 à 7 de largeur. Leur surface présentait des bosselures nombreuses plus ou moins saillantes, dont les plus grosses avaient $1\frac{1}{2}$ mill. de diamètre (*d.* fig. 101. pl. IX). Outre ces grosses bosselures on en voyait à la loupe un nombre plus considérable de plus petites formées aussi, comme les précédentes, par les capsules ovuligères (follicules de graaf).

Les ovaires étaient situés sur les parties latérales de l'abdomen (fig. 101. pl. IX), à 4 centimètres derrière les reins, au dessus du paquet des intestins; le droit était un peu plus avancé que le gauche. Un court repli du péritoine retenait chaque glande contre la trompe de fallope et se prolongeait en arrière, en une longue bride fibreuse qui allait se confondre avec le mésentère particulier de la matrice, ou mésomètre.

Chaque ovaire était embrassé par le pavillon dans son quart antérieur et recouvert, ainsi, comme d'un capuchon. Une membrane chargée de graisse retenait ces parties contre les parois supérieures de l'abdomen; cette membrane graisseuse s'étendait jusques aux reins et se continuait avec la membrane adipeuse de ces organes.

Les artères de l'ovaire provenaient des rénales; les veines, sorties de la glande, se réunissaient en un tronc longitudinal situé le long de son bord interne (fig. 35. pl. III); de ce tronc partaient plusieurs branches qui allaient gagner un autre tronc veineux provenant de la réunion des veines du pavillon et de celles de la trompe; ce tronc commun se jetait dans la veine cave, à une assez grande distance derrière les reins.

L'ovaire du lapin est composé d'un tissu particulier au milieu duquel sont enchâssées les capsules ovuligères et d'une enveloppe fibreuse analogue à l'albuginée du testicule. Cette enveloppe est très-dense, quoique mince; elle adhère intimement au tissu sous-jacent, en sorte qu'on ne peut l'en détacher sans déchirer ce dernier; ces adhérences sont surtout très-fortes sur le sommet des bosselures formées par les follicules de graaf. L'opacité et l'épaisseur de l'albuginée ne permettent de distinguer que d'une manière confuse, même sur des pièces parfaitement injectées, les vaisseaux de la substance de l'ovaire.

L'albuginée est composée de deux membranes, une externe mince, entièrement fibreuse (fig. 36. pl. III), composée de fibrilles excessivement fines, de 0,0013 mm. environ de diamètre, entrecroisées et paraissant réunies par une matière granuleuse amorphe; sur des lambeaux très-minces de cette tunique, les fibrilles sont presque parallèles entre elles. La membrane interne plus épaisse, plus molle, a, quand on l'examine à la lumière directe, un aspect velouté, d'un blanc laiteux, qui rappelle l'aspect du tissu cellulaire interstitiel ou amorphe. On y distingue, même sous un faible grossissement, de petits points ronds disséminés dans toute l'étendue de la membrane. Sous un grossissement un peu plus fort, on voit que tous ces points sont des follicules d'un diamètre de 0,02 à 0,04 mm., dans lesquels on reconnaît facilement la vésicule germinative dont le diamètre est de 0,007 mm., et même la tache germinative qui mesure à peine 0,002 mm. et qui apparaît comme un point. Ainsi la surface de l'ovaire est parsemée d'une très-grande quantité de vésicules ovuligères beaucoup plus petites que celles qu'on découvre à l'aide d'une loupe. Le tissu interstitiel qui entoure ces petites vésicules est fibreux et vasculaire, du moins on y distingue des fibres ondulées et des vaisseaux ramifiés extrêmement ténus.

Le stroma ou tissu propre de l'ovaire, auquel adhère intimement la membrane albuginée, se laisse facilement diviser en une multitude de petits faisceaux qui eux-mêmes se résolvent, à l'aide d'aiguilles, en faisceaux plus petits composés de fibrilles granulées dont le diamètre est le même que celui des fibrilles de la membrane corticale. Mais les fibres du stroma se distinguent par leur aspect grenu (fig. 37 et 38); elles sont couvertes et comme salies par une multitude de grains angulaires, irréguliers, du diamètre de 0,002 à 0,004 mm. C'est dans ce parenchyme fibro-granuleux que sont enchâssées les vésicules de graaf, les unes visibles à l'œil nu, mais en très-petit nombre; les autres, en quantité plus considérable et d'un diamètre assez uniforme, ne mesurant que 0,02 mm. en moyenne, à peu près comme celles de la circonférence *).

Les vaisseaux qui parcourent le parenchyme dans tous les sens y forment des mailles très-étroites, dont quelques-unes ne mesurent que 0,03 mm. Parmi ces vaisseaux sanguins, j'en ai trouvé qui n'avaient pas plus de 0,003 mm., c'est à dire qui n'atteignaient pas le diamètre des

---

*) Barry, cité par Bischoff, a vu des follicules qui n'allaient pas au delà de $1/100'''$; c'est aussi à peu près la dimension que nous avons trouvée aux plus petits follicules.

corpuscules sanguins. Les nombreux vaisseaux qui pénètrent le tissu de l'ovaire, donnent à ce dernier, quand ils sont remplis par la matière à injection, une teinte uniforme, comme on peut le voir dans notre figure (fig. 35. pl. III).

Les capsules sphériques de dimension variable connues sous le nom de vésicules ou de follicules de graaf, sont enfouies, comme nous l'avons dit, au milieu du stroma de l'ovaire. Le parenchyme qui les entoure est plus lâche et se laisse détacher plus facilement; on peut l'enlever sous la forme de lamelles concentriques et l'on voit alors très-bien que le follicule n'est pas pédiculé et qu'il n'adhère au tissu propre de l'ovaire que par les vaisseaux qui se répandent à sa surface. Baer avait déjà remarqué que les vésicules de graaf diffèrent des capsules ovigères de l'oiseau parcequ'elles ne sont pas pédiculées comme ces dernières [*] et qu'elles n'entraînent pas avec elles, lors de leur évolution, une partie de l'ovaire [**].

Quand on a ainsi isolé un gros follicule de graaf, sur un ovaire injecté, on voit que les vaisseaux sanguins sortis du parenchyme de l'ovaire, forment à sa surface des ramifications arborescentes, qui finissent par se résoudre en un réseau extrêmement fin (b. fig. 35).

Les vésicules de graaf sont constituées aux dépens du tissu propre de l'ovaire. Elles se composent en effet d'une enveloppe fibreuse formée de plusieurs couches de fibrilles très-apparentes quoique très-fines, mesurant $0,00125$ ($\frac{1}{800}$) mm., parallèles et couvertes de grosses granulations transparentes, irrégulières pour leur forme et pour leur volume, ayant en moyenne $0,0075$ mm. et paraissant être des débris de noyaux (fig. 40).

Cette enveloppe fibreuse est doublée intérieurement d'une couche assez épaisse de cellules rondes ou ovales, presque diaphanes, faiblement

---

[*] En effet les follicules de graaf ne sauraient être pédiculées qu'autant qu'ils se détacheraient ou tendraient à se détacher de l'ovaire, comme cela a lieu dans les ovipares (Déc. 1847).
[**] Entwickelungsgeschichte, 2e partie, p. 177.

granulées, ayant à leur centre ou près de leur circonférence un noyau transparent, apparaissant comme une petite vésicule dont le diamètre atteint à peine 0,0025 mm. Ces cellules qui forment par leur réunion une couche concentrique à la vésicule de graaf, paraissent être les mêmes que celles qui composent l'enveloppe particulière à l'ovule et connue sous le nom de membrane granuleuse; il semble même qu'elles ne sont autre chose que la couche la plus extérieure de cette enveloppe; leur diamètre était de 0,0075 à 0,0125 mm.

Notre figure 37. pl. III. montre un follicule avec son contenu coagulé par l'esprit de vin. On voyait distinctement une couche blanchâtre qui tapissait intérieurement le follicule et dont la couleur se détachait sur le fond bleuâtre de ce dernier dont les vaisseaux étaient remplis d'une matière à l'indigo.

Les capsules ovuligères renferment une membrane diaphane qui apparaît pendant la vie comme une gelée transparente. Cette membrane forme comme une petite sphère remplie d'un liquide albumineux; il m'est arrivé souvent, après avoir ouvert follicule, d'en voir sortir le contenu sous la forme d'une petite masse spérique, transparente, qui rappelait le corps vitré de l'oeil; mais à peine sur la plaque de verre, elle s'étalait en une membrane déchirée et irrégulièrement plissée au milieu de laquelle on apercevait l'ovule. Cette membrane se compose entièrement de cellules arrondies ou ovalaires, transparentes, granuleuses, un peu plus grosses que celles dont nous avons parlé plus haut, mais du reste entièrement semblables; leur diamètre moyen était de 0,01 mm. Ces cellules ne s'arrêtent pas autour de la circonférence de l'oeuf, comme on l'a dit, mais elles recouvrent l'ovule et l'enveloppent complètement. On voit, en effet, en variant la distance focale, qu'elles passent par dessus la zone transparente; elles cessent de devenir distinctes sur l'oeuf lui-même à cause de l'opacité du vitellus [*]). J'ai examiné plusieurs gros follicules sur des

---

[*]) M. R. Wagner dit, que l'oeuf est enchâssé dans la membrane granuleuse comme dans un

ovaires qui avaient séjourné dans l'esprit de vin; je les ai trouvés remplis d'une matière concrétée provenant de la coagulation de leur contenu albumineux.

L'ovule, très-petit relativement au follicule de graaf, tient fortement à son enveloppe granuleuse, au point qu'il est presque impossible de l'en dégager entièrement. Il est probable que cette enveloppe sert à le nourrir et à le développer non seulement dans sa capsule, mais aussi hors de cette capsule, puisqu'une portion de cellules de la membrane granuleuse reste adhérente à l'oeuf après sa sortie du follicule.

Dans un follicule de graaf de 0,60 mm., l'ovule mesurait 0,12 mm., c'est à dire le cinquième de son diamètre.

L'ovule se compose d'une enveloppe (fig. 41) qui constitue la zone transparente des auteurs et que je suis porté à regarder, avec R. Wagner, comme l'enveloppe propre du jaune. Cette zone avait, dans l'oeuf dont je viens de parler, 0,01 mm. de largeur, c'est à dire le diamètre des cellules de la membrane granuleuse.

Le vitellus est rempli de granulations élémentaires et de vésicules graisseuses plus grosses. Il renferme une autre sphère transparente, à contour nettement dessiné: c'est la vésicule germinative dont le contenu se réduit à quelques très-petites vésicules diaphanes dispersées dans son intérieur. La vésicule germinative ne se dessine ordinairement que d'une manière très-obscure, mais on la rend visible en comprimant légèrement l'ovule.

Une troisième sphère est contenue dans la seconde: c'est la tache de wagner ou tache germinative; elle apparaît ici comme une vésicule à bords fortement ombrés, ce qui lui donne assez l'apparence d'une vésicule de graisse. Dans l'oeuf représenté fig. 41. pl. III, le diamètre du vitellus

---

anneau (*Fragmente* etc.). Pockels, cité par Wagner, et M. Bischoff ont vu au contraire les cellules de la membrane granuleuse passer, comme je viens de le dire, par dessus la zone transparente.

était de 0,12 mm., celui de la vésicule germinative de 0,03 mm. et celui de la tache germinative de 0,007 mm.

J'ai rencontré une seule fois un ovule de 0,13 mm., extrait d'un gros follicule de graaf situé tout à fait à la surface de l'ovaire et qui paraissait près de s'ouvrir, dans lequel la zone transparente était entourée d'une auréole de cellules allongées, fusiformes, telles que M. Bischoff les a représentées dans un oeuf fécondé (o. c. pl. 2. fig. 15 A). L'oeuf dont je parle apparaissait sous cette forme sans avoir été comprimé *).

Article II.

De l'ovaire de la poule.
Pl. III. IV. XI et XII.

L'ovaire (fig. 110. pl. XI), unique chez les oiseaux, est situé, dans la poule, sur la ligne médiane, un peu à gauche, derrière le bord postérieur du poumon correspondant, au dessus de l'estomac glanduleux, au dessous des lobes antérieurs des reins. Il est fixé contre l'aorte et le rein correspondant par un tissu cellulaire très-dense et retenu contre l'oviducte par un repli du péritoine qui lui forme un mésentère particulier. Ce mésovaire s'insère dans un sillon le long de toute la face dorsale et moyenne de la glande, se porte en dehors et s'attache, le long du bord postérieur du poumon, au ligament antérieur du pavillon et à une partie de ce dernier.

---

*) Je crois devoir donner ici les mesures prises par M. R. Wagner dans ses études sur l'oeuf des mammifères et du lapin en particulier (*Fragmente* etc., p. 527 et s.). Sur un oeuf de $\frac{1}{10}'''$, les granulations du follicule de graaf mesuraient $\frac{1}{200}'''$; entre elles se trouvaient des gouttes de graisse très-grosses, de $\frac{1}{50}$ à $\frac{1}{30}'''$ entourées des granulations. Le chorion mesurait $1\frac{1}{200}'''$. Le vitellus se composait de deux sortes d'éléments: des granules foncés de $\frac{1}{1500}$ à $\frac{1}{2000}'''$, et, entre eux, des gouttes plus grosses, rondes, claires (vésicules de graisse) de $\frac{1}{300}$ à $\frac{1}{400}'''$, rarement de $\frac{1}{200}'''$. Vésicule germinative de $\frac{1}{60}$ à $\frac{1}{70}'''$; tache germinative de $\frac{1}{200}'''$.

Le mésovaire est parcouru par un grand nombre de vaisseaux sanguins et renferme des fibres très-fines, rapprochées les unes des autres et disposées en travers.

L'ovaire (fig. 42. pl. III) a une forme irrégulièrement ovulaire et arrondie; il est composé de lames inégales placées les unes au devant des autres et toutes couvertes d'ovules de différente grandeur, les plus gros pédiculés, les autres sessiles, entassés les uns sur les autres. On voyait très-bien cette disposition lamelleuse de l'ovaire dans une jeune poule de l'année tuée au mois d'octobre (fig. 43. pl. III). Dans une poule couveuse tuée au mois d'avril, l'ovaire présentait trois oeufs très-gros, ayant chacun près de 2 centimètres, de couleur orangée et suspendus à un long pédicule; et de plus des masses graisseuses considérables, pédiculées, riches en vaisseaux sanguins, divisées en lobules arrondis de grandeur inégale et dont les capsules contenaient une graisse liquide de couleur jaune. Le pavillon de l'oviducte était appliqué contre l'un des gros oeufs et le coiffait. L'ovaire de cette poule n'offrait plus des lamelles aussi distinctes, mais des lobes irréguliers.

L'ovaire d'une troisième poule tuée au mois de novembre et qui pondait encore un certain nombre d'oeufs par semaine, avait la même disposition que celui dont nous venons de parler; les lobes graisseux pédiculés qui se détachaient de sa substance étaient aussi très-développés (fig. 115. pl. XII). Dans une quatrième poule adulte, mais qui ne pondait pas, il n'y avait aucune trace de lobes graisseux; les lobules de l'ovaire étaient plus distincts et moins irréguliers.

L'ovaire de la poule reçoit ses artères du tronc de l'aorte et de la mésentérique supérieure. L'aorte envoie de sa paroi abdominale un rameau ovarien très-délié; l'artère mésentérique, qui se voit derrière le tronc coeliaque, fournit quelques rameaux déliés qui se portent vers la région dorsale de l'ovaire. Les veines sorties de la glande se réunissent à la grosse veine rénale correspondante, avant la jonction de cette veine à celle du côté opposé. Tous ces vaisseaux, après avoir pénétré la substance de l'ovaire, se portent sur les capsules des oeufs et forment à leur surface des réseaux à mailles serrées (fig. 42).

L'ovaire se compose d'une substance fibreuse très-résistante, compacte, difficile à déchirer et dans laquelle sont enfouis les ovules (fig. 44, 45, 46, 48. pl. IV). Les plus gros sont amoncelés vers la périphérie de la glande, tantôt sessiles, tantôt pédiculés; d'autres ovules plus petits se voient aussi à la surface, entre les précédents; ils sont serrés les uns contre les autres comme des grains de millet. Quand on déchire ce tissu et qu'on l'examine au microscope, on voit, à un grossissement de 60 diamètres, qu'il est comme sablé à cause de l'immense quantité d'ovules qui le remplissent. Le tissu du centre des lamelles est moins riche en ovules et ceux-ci sont toujours plus petits que ceux de la circonférence. Tous les petits ovules ont un diamètre assez uniforme; ils sont enfoncés dans le parenchyme de l'ovaire comme dans autant de petits nids; c'est ce parenchyme qui les entoure et qui constitue leur capsule (theca de baer).

Si l'on pratique des coupes suivant l'épaisseur des lamelles de l'ovaire, on voit que le centre de ces lamelles est occupé par des faisceaux de fibres qui s'entrecroisent pour former des mailles serrées que réunit un tissu cellulo-vasculaire, tandis que les oeufs sont accumulés sur les bords de la section (fig. 46. pl. IV). En suivant la direction des gros faisceaux de fibres, on voit ces faisceaux s'amincir en membrane et se continuer sur la surface des ovules pour les envelopper. Ces faisceaux fibreux du stroma ont un diamètre qui varie entre $0,06$ et $0,10$ mm. Ils sont eux-mêmes composés de fibres très-fines qu'on ne distingue nettement que sur le bord des déchirures et dont l'épaisseur ne dépasse pas $0,0015$ à $0,0020$ mm. Ces fibrilles paraissent inégales, comme rugueuses et sont unies entre elles par une matière granuleuse amorphe. Si l'on sépare avec des aiguilles les faisceaux les uns des autres, on parvient à mettre à découvert un tissu membraneux particulier, composé d'une toile granuleuse dans l'épaisseur de laquelle sont dispersés des corpuscules arrondis ou irréguliers, transparents, du diamètre moyen de $0,0025$ à

0,0030 mm. C'est sans doute cette membrane qui est le siège particulier de la sécrétion des ovules; elle enlace les faisceaux de fibrilles, les unit les uns aux autres et donne ainsi au tissu de l'ovaire l'aspect fibreux et granuleux qui le caractérise (fig. 48. pl. IV).

De nombreux vaisseaux sanguins parcourent dans tous les sens ce stroma fibro-granuleux de la glande et se répandent à la surface des capsules ovigères (fig. 42. pl. III. et fig. 47. pl. IV).

L'enveloppe des ovules n'est donc, comme nous venons de le voir, qu'une expansion du tissu propre de l'ovaire. Aussi cette enveloppe est-elle composée des mêmes éléments microscopiques, c'est à dire de fibrilles de tissu cellulaire ayant le même aspect et la même ténuité que celles qui forment le stroma.

Les ovules que j'ai examinés se composaient d'un vitellus très-granuleux et opaque et d'une vésicule germinative sans contour apparent; ce contour était sans doute masqué par les vésicules vitellines. Je n'ai trouvé dans aucun ovule la tache germinative. Les ovules représentés fig. 44. pl. IV, avaient 0,1 mm. de diamètre et leur vésicule 0,04 mm. Celui représenté fig. 45 sous un plus fort grossissement, n'avait que 0,025 mm.; sa vésicule germinative, ou du moins la partie transparente visible sans compression, mesurait à peu près la moitié du diamètre du vitellus, c'est à dire 0,013 mm.

Article III.

Des ovaires du lézard.

Pl. IV et XIII.

Les ovaires (fig. 125 et 126. pl. XIII), dans le lézard des souches, sont situés dans la région moyenne de l'abdomen, sur les côtés et au dessus des intestins, séparés l'un de l'autre par le rectum. L'ovaire droit, plus avancé que le gauche, s'étend en avant jusqu'au lobe postérieur du foie auquel il adhère par la veine cave droite. Le gauche commence à peu près au niveau de l'origine du rectum. En arrière l'ovaire gauche s'étend jusqu'à la partie la plus reculée de l'abdomen, tandis que le droit cesse quelques millimètres plus tôt. Ces organes sont retenus par un repli du péritoine contre la face inférieure et interne des oviductes; un repli qui part de leur extrémité postérieure les fixe aussi contre la veine cave le long de laquelle ce repli se perd.

La forme des ovaires est ovoïde; ils sont un peu déprimés de haut en bas. Ces organes sont creux et représentent deux sacs formés par la membrane propre de l'ovaire que tapisse le péritoine. Les ovules plus ou moins avancés en maturité font saillie à travers les parois de cette poche et lui donnent un aspect plus ou moins bosselé.

Les artères de l'ovaire naissent de l'aorte; de distance en distance il se sépare de ce vaisseau de petits rameaux qui se rendent à la glande. Les veines se jettent dans la veine cave correspondante. Ces vaisseaux forment dans l'épaisseur de la membrane propre de l'ovaire un réseau dont les mailles, de forme polygonale, circonscrivent les capsules ovigères (fig. 49. pl. IV).

Si l'on incise un ovaire suivant sa longueur, on voit que les parois intérieures de la poche présentent un certain nombre de capsules arrondies, de grandeur assez égale, rangées régulièrement les unes à côté des autres et faisant saillie dans l'intérieur de la poche. Ces capsules tiennent, par une faible étendue de leur surface, à la membrane propre de l'ovaire dont elles sont évidemment une production. J'ai trouvé dans l'ovaire injecté que j'ai fait représenter (fig. 50. pl. IV) 12 oeufs d'égale grosseur et un nombre considérable d'oeufs plus petits, serrés les uns contre les autres vers l'extrémité postérieure du sac. Les vaisseaux sanguins, après avoir pénétré dans l'intérieur de la poche, envoyaient à chaque capsule un rameau artériel et un rameau veineux qui se divisaient immédiatement sur les parois de cette capsule en un réseau à mailles régulières, étroites et tellement serrées qu'il fallait, pour les distinguer, un grossissement de 10 à 12 diamètres, et qu'au premier abord on aurait pu croire le pièce entièrement teinte par la matière à injection. Le diamètre des mailles de ce réseau vasculaire ne mesurait que 0,05 à 0,08 mm. (fig. 51. pl. IV).

La membrane propre de l'ovaire est, comme nous l'avons dit, très-mince, soudée aux capsules ovigères, au point qu'il est impossible de l'en séparer. Elle est composée de fibrilles déliées, peu distinctes et comme salies par une fine poussière; on ne les voit distinctement que sur le bord des lambeaux déchirés; elles mesurent 0,0015 à 0,0020 mm. La face interne de cette tunique de l'ovaire est recouverte d'une couche membraneuse parsemée de corpuscules granulés, transparents, qui lui donnent une grande ressemblance avec la membrane granulée interposée entre les fibres du stroma de l'ovaire de la poule.

Les capsules qui contiennent les ovules sont formées du même tissu fibreux que celui que nous venons de voir constituer la membrane proligère; ces capsules sont tapissées intérieurement d'une couche assez épaisse de matière grenue qui s'en détache assez facilement *).

L'ovule enfermé dans sa capsule est libre dans l'intérieur de cette petite poche. Il se compose d'une sphère vitelline dans l'intérieur de laquelle on distingue facilement, pendant la vie, une vésicule germinative transparente, dont le diamètre est environ le quart de celui du vitellus lui-même, ainsi qu'une tache germinative qui apparaît comme une vésicule de graisse. Ayant negligé de faire dessiner un de ces oeufs pendant la saison où l'on peut se procurer des lézards vivants, je renvoie à une très-bonne figure donnée par M. R. Wagner dans son Prodromus, pl. II. fig. 27.

---

*) Baer dit que dans les oiseaux la capsule de l'oeuf (theca) est composée de deux couches, une externe, mince, formée de tissu cellulaire épaissi et une interne plus épaisse, veloutée, ayant l'aspect des muqueuses (Entwickelungsgeschichte, 2. Theil, p. 23); c'est ce qu'on voit aussi dans le lézard (1847).

Article IV.

Des ovaires de la grenouille.

Pl. IV et XIV.

Les ovaires de grenouilles consistent en deux grosses masses lobées, placées symmétriquement dans l'abdomen, de chaque côté de la colonne vertébrale et séparées l'une de l'autre par l'estomac et par le paquet des intestins (fig. 136. pl. XIV). Ils sont composés chacun d'un nombre variable de lobes creux ou de sacs ovulaires (fig. 52. pl. IV), disposés transversalement, ayant leur grosse extrémité tournée en dehors, tandis que les sommets de ces cônes convergent tous en dedans, d'où il résulte que le bord externe de l'ovaire est beaucoup plus long que l'interne. Les poches dont l'ovaire se compose sont indépendantes les unes des autres et constituent à elles seules autant d'ovaires particuliers étroitement unis entre eux par le péritoine et par les vaisseaux sanguins, mais dont la cavité est fermée de toute part, du moins le plus ordinairement. Le parois de ces poches sont très-souvent plissées de manière à produire des saillies intérieures plus ou moins marquées.

Les ovaires sont retenus entre les oviductes et la colonne vertébrale par des mésentères particuliers que leur fournit le péritoine. Ce dernier, après s'être replié contre les parois de l'estomac et des intestins pour former les mésentères du tube digestif, se porte en dehors vers l'ovaire, recouvre sa surface et le maintient ainsi contre le paquet des intestins; puis il se prolonge vers l'oviducte après s'être réfléchi contre la face inférieure du rein. L'ovaire est ainsi maintenu par un mésentère composé de deux lames entre lesquelles marchent les vaisseaux sanguins.

Les artères de cette glande naissent de l'aorte abdominale. Celle-ci fournit de chaque côté 7 à 8 rameaux qui se portent en dehors vers chaque ovaire, pénètrent entre les lobes dont il se compose et se divisent en ramifications très-déliés qui forment dans la membrane propre de l'ovaire un réseau à mailles serrées dans les interstices duquel sont enchâssés les ovules (fig. 53. pl. IV). Les veines se réunissent en un rameau qui longe le bord interne de la glande et duquel partent d'autres rameaux qui vont se rendre à la veine cave située au dessous de l'artère, entre les deux ovaires.

Les parois des sacs ovariens des grenouilles sont composées du péritoine qui les recouvre et d'une membrane propre, proligère. Celle-ci est remarquable par son aspect fortement grenu; elle paraît formée par l'agglomération de grosses granulations transparentes, irrégulières, dispersées sur un fond granuleux. Sur les bords des déchirures on distingue des fibrilles très-ténues, mesurant environ 0,0012 mm.; ces fibrilles entrecroisées constituent la base de la membrane. Les granulations ont, en moyenne, 0,007 à 0,010 mm. Cette membrane proligère est très-riche en vaisseaux déliés qui la parcourent dans tous les sens.

Si l'on ouvre les sacs qui composent l'ovaire, on voit que leur surface interne est recouverte d'une innombrable quantité d'oeufs (fig. 54), de grandeur assez égale, serrés les uns contre les autres et attachés la plupart, par de courts pédicules, à la membrane propre de l'ovaire. Entre ces oeufs plus gros, remarquables par leur double coloration noire et blanche, s'en trouvent beaucoup d'autres plus petits; et, entre ces derniers, on en découvre encore, à l'aide du microscope, de plus petits disposés par groupes. La membrane proligère enveloppe tous ces oeufs; les plus petits sont enchâssés dans l'épaisseur de cette membrane, mais, à mesure qu'ils grandissent, ils soulèvent la paroi interne de cette membrane, font saillie dans l'intérieur du sac et distendant de plus en plus leur enveloppe, ils finissent par produire le court pédicule qui suspend les plus gros oeufs. L'ovule est donc libre dans sa capsule, comme l'ovule du lézard, comme celui de la poule et enfin comme celui du lapin. À l'époque de leur maturité tous ces oeufs brisent leur enveloppe et tombent dans la cavité ovarienne pour être expulsés par une très-petite ouverture, que l'on dit (Rathke entre autres) située au sommet du cône de chacun des sacs, mais que nous n'avons pas pu découvrir.

Les vaisseaux ovariens forment, comme nous l'avons dit, dans l'épaisseur de la membrane proligère, un réseau à mailles d'autant plus serrées que les ovules sont plus petits. Chaque capsule est ainsi entourée d'un anneau vasculaire duquel partent des vaisseaux plus petits qui se ramifient à leur tour sur les parois de la capsule et s'y étalent en un réseau très-délié (fig. 55).

Les ovules sont composés d'une sphère vitelline granuleuse renfermant une autre sphère ordinairement très-grosse, transparente, dans laquelle on rencontre une quantité plus ou moins considérable de granules extrêmement fins; cette sphère intérieure est la vésicule germinative.

Dans une grenouille observée au mois d'octobre, j'ai trouvé un certain nombre de petits ovules dans lesquels le vitellus, au lieu de corpuscules granuleux, se composait de cellules très-pâles, transparentes, du diamètre de $0,03$ mm., pourvues d'un très-petit noyau vésiculeux et transparent (fig. 56). Cet ovule légèrement elliptique, mesurait $0,30$ mm.; la vésicule germinative, également elliptique, avait $0,15$ mm.; je n'ai pu distinguer aucune trace de granules vitellins.

Dans un autre oeuf qui mesurait $0,2$ mm. (fig. 57), la sphère germinative, du diamètre de $0,09$ mm., renfermait plusieurs noyaux granuleux dont les plus gros avaient $0,025$ mm., les plus petits mesuraient $0,012$ mm.

Les ovaires des grenouilles femelles sont en rapport avec des appendices graisseux identiquement les mêmes que ceux des mâles. Ces appendices, composés d'un nombre variable de bandelettes très-longues, très-grosses et turgescentes depuis l'automne jusqu'au printemps, grêles et flasques au contraire pendant l'été, sont attachés en partie au bord antérieur des ovaires, et en partie aux reins. Ils sont, comme dans les mâles, parcourus par une artère et par une veine et composés de cellules adipeuses renfermans une graisse diffluente.

Article V.

Des ovaires du brochet.

Pl. V et XIX.

Les ovaires du brochet (fig. 200. pl. XIX) ont la même forme, la même position, les mêmes attaches que les testicules. Ce sont deux longs boyaux cylindriques qui prennent une forme prismatique quand ils ont séjourné dans l'alcool. Ils ont une face inférieure arrondie, une face externe aplatie appliquée contre les parois de la cavité viscérale, et une face interne également aplatie qui repose contre la vessie natatoire. Chaque ovaire est fixé en avant, sur les côtés de l'oesophage, par un repli du péritoine, comme nous l'avons vu pour le testicule. Son bord supérieur donne attache à un mésentère composé de deux lames dont l'interne adhère à la vessie natatoire, tandis que l'externe va se fixer plus haut, le long de la colonne vertébrale.

Les ovaires se prolongent très-loin en arrière et se terminent par un court oviducte qui n'est autre que la continuation de leur propre cavité.

L'ovaire est divisé intérieurement en un nombre considérable de gros plis parallèles disposés transversalement dans toute sa longueur. Ces plis, qui commencent dans la partie la plus avancée de la glande, sont plus ou moins irréguliers et rapprochés les uns des autres et plus ou moins élevés, suivant l'époque de l'année. Dans un brochet pris au printemps ces plis étaient très-gros et irréguliers, surtout dans la partie la plus avancée de la glande. Dans un autre observé en automne, ils étaient au contraire à peu près d'égale dimension partout. Ces plis ne se détachent que de la paroi inférieure et des parois latérales du sac ovarien; la paroi supérieure de ce sac est lisse, unie, membraneuse et entièrement dépourvue d'ovules.

C'est dans l'épaisseur de la membrane ovarienne et surtout des plis intérieurs qu'elle forme, que sont enchâssés les ovules. Les plus petits sont disséminés en quantité innombrable dans les parois de la membrane proligère (fig. 60. pl. V); les autres, plus gros, font saillie à la surface des plis et s'en détachent de plus en plus, de manière à rester suspendus à la membrane par un pédicule délié. L'ovaire du brochet examiné par sa surface intérieure rappelle parfaitement celui de la poule sous le rapport des lames saillantes et des ovules qui les recouvrent (fig. 58 et 61. pl. V). Cette ressemblance est surtout remarquable sur les jeunes poules ou sur celles qui ne pondent pas, parceque la division de l'ovaire en lames est alors plus sensible (fig. 43. pl. III).

La membrane proligère du sac ovarien examinée dans sa portion dorsale, c'est à dire dans celle qui ne porte pas d'oeufs, est composée de deux couches; l'externe recouverte elle-même par le péritoine, est fibreuse et surtout vasculaire; ses fibres disparaissent en quelque sorte sous l'abondante quantité de vaisseaux sanguins qui se croisent pour former des réseaux anastomotiques à mailles étroites et disposée sur plusieurs plans (fig. 63. pl. V). Cette tunique fibro-vasculaire est tapissée par une muqueuse composée de petites cellules arrondies du diamètre de 0,005 mm., renfermant un contenu granuleux; c'est une sorte d'épithélium en pavé (fig. 64. pl. V). *)

La partie ovigère de la glande est tellement riche en ovules qu'il est difficile, sous un faible grossissement, de rencontrer des places qui en soient dépourvues. Sous un grossissement plus fort on voit cependant que le tissu propre de la glande présente le même caractère fibro-grenu que nous avons décrit dans les autres types. Les fibrilles ont toujours l'aspect des fibres du tissu cellulaire; les granulations interposées entre ces fibrilles ou qui les recouvrent sont transparentes et ont une forme irrégulière, le plus souvent ovale.

---

*) R. Wagner décrit aussi les sacs ovariens de la plupart des poissons osseux comme formés de deux membranes, une externe fibreuse et une interne muqueuse (Lehrbuch der Zootomie, p. 288).

Les ovules très-inégaux en grosseur, comme nous l'avons dit, sont enveloppés d'une capsule très-vasculaire formée aux dépens de la membrane proligère. Ces ovules se composent d'un vitellus et d'une vésicule germinative. Dans les plus petits oeufs j'ai trouvé cette dernière comme parsemée de très-petites vésicules transparentes qui cachaient son contour (*A.* fig. 65. pl. V). Ces vésicules représentent-elles la couche primitive du germe (stratum germinativum) désignée autrefois par Wagner sous le nom de tache germinative? [*]) ou bien ne seraient-elles que de globules vitellins amassés autour de la vésicule? Dans les gros oeufs l'abondance des granules du vitellus empêchait de distinguer la vésicule de purkinje. Ces granules sont de vésicules huileuses qui renferment elles-mêmes d'autres vésicules plus petites, au nombre de 2 à 4 (pl. V. fig. 65. *D*).

Article VI.

Résumé comparatif.

Dans l'examen comparatif que nous avons à faire des organes producteurs du germe, nous n'aurons à nous occuper, de même que nous l'avons fait pour le sexe mâle, que des rapports de situation, de composition et de structure de ces organes, ainsi que de leur produit. Nous n'aurons pas à traiter de leur forme, si variable dans les différents groupes d'une même classe. Nous trouvons en effet, dans les animaux vertébrés, deux types d'ovaires, les uns pleins formés d'un tissu plus ou moins compacte, dans lequel les oeufs sont enchâssés; les autres creux représentant de véritables sacs à l'intérieur desquels se développent les ovules. Or, ces deux types, qui paraissent au premier abord essentiellement différer

---

[*]) „On trouve constamment, dit R. Wagner, la couche primitive (stratum germinativum) divisée en un nombre plus considérable de petites granulations et de globules disséminés sur toute la surface de la vésicule du germe, chez les batraciens, les poissons osseux et plusieurs crustacés (Ann. des sc. nat. 2. Série, Tom. 8, p. 285).

l'un de l'autre, se rencontrent à la fois dans plusieurs classes : ainsi les tortues, parmi les reptiles, ont l'ovaire à grappe des oiseaux, tandis que les autres ordres ont un ovaire à sac; ainsi les anguilles et les lamproies, parmi les poissons, ont un ovaire plein; les poissons osseux ont pour la plupart un ovaire à sac, tandis que l'ovaire des sélaciens rappelle de nouveau celui des oiseaux. L'aspect extérieur de l'ovaire varie aussi dans une même classe : en général dans les mammifères, les ovules sont tellement enchâssés dans le tissu de la glande, que c'est à peine s'ils viennent saillir à la surface, et cependant l'ovaire de la taupe, du hérisson, des sarigues et surtout celui des monotrèmes représentent l'ovaire à grappe des oiseaux. Enfin, sous le rapport de la forme générale, si nous avions à nous en occuper, nous trouverions des différences bien plus nombreuses encore. Il ne saurait donc être question, encore une fois, de rechercher les analogies que l'ovaire présente dans les vertébrés sous le rapport de ses formes, puisque un tel examen nous conduirait à faire l'histoire anatomique complète de cet organe.

Situation et rapports. — Nous avons vu les ovaires situés dans la cavité abdominale dans tous les animaux que nous avons pris pour types. Ils sont, suivant les classes, plus ou moins rapprochés des reins, comme nous l'avons aussi fait remarquer pour les testicules; c'est dans la classe des mammifères qu'ils s'en éloignent le plus. Ils ont aussi certains rapports de connexion avec le foie, par l'intermédiaire de la veine qui ramène leur sang au coeur. Mais c'est surtout avec leur conduit excréteur que les rapports de l'ovaire sont remarquables. Contrairement à ce qui se voit pour les autres glandes, l'ovaire est généralement séparé de son canal excréteur. Cette séparation est portée à son plus haut degré dans les batraciens chez lesquels nous voyons l'oviducte s'ouvrir dans la partie la plus avancée de la cavité thoracico-abdominale; elle est déjà moins marquée dans les reptiles et dans les oiseaux, chez lesquels le pavillon de l'oviducte vient embrasser momentanément l'ovaire pour recevoir les oeufs qui s'en détachent; elle l'est moins encore dans les mammifères où l'on voit toujours une des extrémités du pavillon adhérer intimement à l'ovaire, comme nous l'avons indiqué dans le lapin. Chez quelques mammifères (les carnivores) le pavillon forme même autour de l'ovaire une sorte de sac, de manière à rendre presque complète la continuité entre la glande et son conduit excréteur. Or, l'état normal d'une glande est d'avoir un canal excréteur qui se continue avec sa cavité; les mammifères sont donc les vertébrés qui se rapprochent le plus de cet état normal; viennent ensuite les oiseaux et les reptiles auxquels il faut joindre les sélaciens, parmi les poissons; et en dernière ligne seulement, les batraciens. Quant aux poissons osseux, leur oviducte est tout à fait rudimentaire, comme nous le verrons plus tard, et doit être considéré comme la cavité même du sac ovarien.

Un autre rapport à signaler pour l'ovaire est celui qui existe entre cette glande et les dépôts de graisse qui peuvent se trouver dans son voisinage. Ce rapport est le même que celui dont nous avons parlé en traitant des testicules. C'est surtout dans les batraciens que les appendices adipeux acquièrent un développement considérable; mais l'épaisse bandelette graisseuse située au devant du bassin dans le lézard; les grosses capsules de graisse liquide qui se détachent de l'ovaire des poules; les amas de tissu adipeux qui entourent, dans le lapin, le pavillon de la trompe de fallope, sont des exemples qui montrent le rôle important que remplissent ces provisions de matière grasse dans la production et dans le développement des oeufs, comme dans la production des éléments fournis par le mâle. Les poissons semblent faire exception à cette règle; mais on sait que le mésentère de l'intestin est ordinairement chargé de graisse, et comme il existe des connexions multiples entre ce mésentère et chaque poche ovarienne par les vaisseaux qui vont de l'un à l'autre, on comprend que le résultat doit être à peu près le même.

Nous ajouterons que dans les femelles comme dans les mâles, le développement des dépôts graisseux est en rapport avec l'époque de l'année; si cela ne se voit pas aussi bien dans le lapin, que nous avons choisi pour exemple, c'est que la reproduction, chez ce mammifère, a lieu indistinctement dans toutes les saisons.

Dualité. — Les ovaires sont généralement doubles et symmétriques comme les testicules, dans les animaux vertébrés. L'ovaire unique des oiseaux paraît faire exception, mais celle-ci n'est qu'apparente. En effet les deux ovaires existent dans l'embryon, et, même chez certains oiseaux de proie adultes, on rencontre ordinairement deux ovaires, à la vérité inégalement développés. Dans la majorité des oiseaux l'une des deux glandes, celle du côté gauche, se développe aux dépens de celle du côté droit et celle-ci finit par s'atrophier et par disparaître. Déjà chez les monotrèmes on observe une pareille tendance de l'ovaire gauche à se développer aux dépens de l'ovaire du côté droit. Le fait de la duplicité de l'ovaire chez les oiseaux est donc primitif. La disparition ou l'état rudimentaire de l'ovaire droit est un fait anormal, mais qui est devenu l'état ordinaire par suite de la généralisation, dans la plupart des espèces, des causes qui l'ont produit. C'est un de ces exemples rares dans le règne animal, mais très-commun dans le règne végétal, de prétendues monstruosités ou d'anomalies qui sont devenues, par leur extension même, des types normaux; dans tous les cas analogues, les exceptions sont des retours au type primitif.

Composition et structure. — L'ovaire est essentiellement composé d'un tissu propre, sorte de gangue dans laquelle se développent les oeufs. La structure de ce tissu est partout la même, soit que l'on étudie l'ovaire d'un poisson ou d'un batracien, ou bien celui d'un mammifère ou d'un oiseau. Deux éléments entrent dans la composition de ce parenchyme: des fibrilles élémentaires analogues aux fibres du tissu cellulaire et tout à fait comparables aux fibres de l'albuginée du testicule, et des corpuscules irréguliers dispersés dans l'épaisseur d'une membrane granuleuse à grains très-fins. Nous avons reconnu et représenté ce tissu fibro-grenu dans l'ovaire du lapin et dans celui de la poule; nous l'avons également constaté dans les ovaires du lézard, de la grenouille et du brochet; seulement sa disposition varie suivant les classes. Dans les ovaires à tissu compacte il remplit toute l'épaisseur de la glande; dans les ovaires à sac au contraire, il n'en occupe que la périphérie et se réduit même à une mince membrane. Dans le premier cas tantôt la masse du parenchyme est centrale et les ovules sont accumulés vers la périphérie: l'ovaire est alors en grappe (oiseaux, quelques mammifères, tortues); tantôt au contraire la masse du parenchyme est plus étendue, le nombre des ovules développés est en proportion moins considérable, ces ovules sont enfouis au milieu de cette masse fibro-granuleuse; alors celle-ci qui paraît constituer la plus grande partie de l'ovaire, s'entoure extérieurement d'une tunique fibreuse particulière analogue à l'albuginée du testicule (mammifères). Cependant cette albuginée de l'ovaire est, en réalité, identique avec le stroma de la glande; elle n'est que ce stroma condensé en membrane; ce qui le prouve, c'est qu'elle adhère intimement au reste du parenchyme et qu'elle est doublée intérieurement d'une couche granuleuse déjà très-riche en ovules. Dans ces ovaires compactes la membrane grenue est intimement unie aux fibres de la glande, ce qui donne à ces fibres un aspect très-granuleux. Dans les oiseaux nous avons vu qu'on peut déjà la séparer des fibres avec lesquelles elle est entrelacée. Dans tous les ovaires à sac la membrane granuleuse est appliquée contre la paroi interne de la tunique fibreuse extérieur et fait tellement corps avec elle qu'il est difficile de l'en separer.

Le stroma de l'ovaire, qu'il soit compacte ou condensé en membrane enveloppante, est toujours parcouru par des vaisseaux très-nombreux qui forment dans son épaisseur un réseau à mailles serrées et dont l'étroitesse démontre suffisamment la grande quantité de sang que doit consommer ce tissu générateur des ovules.

Produit. — Quelle que soit la disposition des éléments qui constituent le tissu propre de l'ovaire, c'est toujours dans l'épaisseur de ce tissu que se développent les ovules. A mesure qu'ils grossissent, ils soulèvent la membrane proligère qui les enveloppe de toutes parts, et finissent par se détacher de la glande et par tomber dans la cavité de l'ovaire ou de l'oviducte. Cette enveloppe particulière des ovules, connue dans les mammifères sous le nom de follicules de graaf, est si bien formée aux dépens du stroma de l'ovaire, qu'elle en a tout-à-fait la structure fibreuse et granuleuse, ainsi qu'on a pu le voir par les descriptions que nous en avons données. L'oeuf est donc le produit d'une sorte de végétation de la membrane proligère; il tend constamment à se dégager du tissu dans lequel il était enfoui, soit qu'il se porte au dehors de l'ovaire (mammifères, oiseaux, tortues, sélaciens, anguilles, lamproies), soit qu'il fasse saillie dans l'intérieur du sac ovarien (reptiles, batraciens, poissons osseux). Le but de ce travail végétatif est donc toujours de porter l'oeuf à l'extérieur, afin qu'il arrive au lieu de sa destination; voilà pourquoi, dans les ovaires compactes, c'est toujours la périphérie de l'organe qui présente les oeufs les plus développés, tandis que les ovules du centre sont très-petits et même microscopiques (oiseaux, mammifères). Pendant ce travail de développement les oeufs sont nourris par les vaisseaux nombreux qui se distribuent dans leur capsule et dont les réseaux sont encore plus serrés que ceux du stroma lui-même ainsi que nous l'avons fait voir.

C'est donc avec raison que l'on regarde l'ovaire comme une glande. Il en a en effet tous les caractères: de même que les glandes ordinaires, il se compose essentiellement d'une membrane sécrétante, riche en vaisseaux sanguins, et le produit de la sécrétion arrive d'une manière incessante à la surface, pour être versé au dehors.

La composition de l'ovule est identiquement la même dans tous les vertébrés; c'est toujours une sphère formée de trois éléments emboîtés l'un dans l'autre: le vitellus, ou sphère nutritive, qui en compose la majeure partie et qui est formé de vésicules adipeuses simples ou composées elles-mêmes de vésicules plus petites; la vésicule germinative, toujours beaucoup plus petite, transparente et ne contenant généralement qu'un petit nombre de vésicules disséminées dans toute son étendue; et enfin la tache germinative ou de wagner, troisième sphère, de très-petite dimension, tantôt opaque et composée de granules, tantôt transparente comme une gouttelette huileuse.

Les rapports de cet ovule avec la capsule qui le contient ne sont pas les mêmes dans tous les vertébrés. Dans les ovipares l'oeuf est étroitement enveloppé par cette capsule et rien ne montre qu'il existe un liquide entre les deux; dans les mammifères, au contraire, l'ovule n'occupe qu'un point très-restreint dans son follicule et il est enveloppé d'une masse considérable de cellules et d'un liquide albumineux destinés à le nourrir. Cette enveloppe granuleuse l'accompagne, si non en totalité, du moins en partie, jusqu'à ce qu'il ait contracté des adhérences avec les parois de l'utérus. Il est facile de se rendre compte de cette différence. L'oeuf des ovipares devant recevoir dans l'oviducte une couche épaisse d'albumine pour subvenir à son développement ultérieur, n'avait pas besoin dans l'ovaire de membrane nutritive particulière, autre que celle qui lui est fournie par sa propre capsule. L'oeuf des mammifères, au contraire, a besoin d'être nourri, quand il a quitté son follicule, jusqu'au moment où il pourra tirer sa subsistance des sucs nutritifs de la mère; il est probable que la portion de la membrane granuleuse qui l'accompagne sert à atteindre ce but.

Deuxième partie.
De la sphère médiane ou conductrice.

Chapitre troisième.
De la sphère conductrice dans les mâles.

Article I.
De l'épididyme et du canal déférent dans le lapin.
Pl. I et VI.

L'épididyme (fig. 1. pl. I) est une longue bandelette renflée à ses deux extrémités, très-resserrée dans son milieu, collée le long du bord interne du testicule et appliquée par ses deux renflements, contre l'extrémité antérieure et l'extrémité postérieure de la glande.

La tête de l'épididyme, ou sa portion antérieure, et large et plate, composée de deux moitiés à peu près égales, formant deux lobes aplatis rapprochés l'un de l'autre, unis par un tissu cellulaire dense et appliqués contre la partie antérieure du testicule. L'albuginée du testicule se dédouble pour embrasser la tête de l'épididyme. Celle-ci est divisée en lobules aplatis, très-serrés, entre lesquels pénètrent, avec les vaisseaux sanguins, des prolongements de l'albuginée. Ces petits lobules sont formés à leur tour par les nombreuses ondulations du canal commun qui résulte de la réunion des sept canaux d'origine. Le canal spermatique ainsi replié sur lui-même, a, dans cet endroit, quatre fois le diamètre de ces derniers.

La tête de l'épididyme s'amincit et se rétrécit peu à peu pour former sa portion moyenne ou son corps. Celui-ci n'a guère plus d'un millimètre de largeur, et l'on aperçoit très-bien à travers la membrane propre de l'épididyme, le canal unique qui le forme et dont les replis sont disposés sur une seule ligne. Plus en arrière les replis du canal reviennent de nouveau sur eux-mêmes un grand nombre de fois; l'épididyme augmente en largeur et en épaisseur et forme sa région postérieure connue sous le nom de queue.

La queue de l'épididyme est un gros renflement cylindrique retenu par des brides fibreuses contre l'extrémité postérieure du testicule et adhérant lui-même, par un tissu cellulaire condensé, au fond de la bourse du dartos. Ce renflement est composé de nombreux lobules très-serrés, difficiles à séparer; des prolongements de l'enveloppe fibreuse pénètrent entre ces lobules et servent à les réunir et à conduire les vaisseaux sanguins. Si l'on déroule ces lobules, on voit qu'ils sont constitués par le même canal dont les replis forment la tête et le corps de l'organe. Je n'ai pas trouvé d'appendice analogue à celui qu'on rencontre dans l'épididyme du testicule humain.

Le conduit spermatique grossit peu à peu; celui qui forme la queue est le double environ de celui de la tête; il mesurait $\frac{1}{3}$ de millim. Il se renfle insensiblement de plus en plus et finit par se redresser pour constituer le canal déférent, dont le diamètre était de $1\frac{1}{2}$ millim.

La structure de l'épididyme est à peu près la même que celle des conduits séminifères. Le tube spermatique qui le constitue est revêtu intérieurement d'une couche de cellules globuleuses, transparentes, granulées, formant son épithélium (fig. 5. pl. I). Mais à mesure que ce tube grossit, sa structure présente un autre caractère: la membrane fondamentale s'épaissit et devient fibreuse et la muqueuse qui la recouvre offre l'aspect réticulé qui caractérise la muqueuse du canal déférent, ce dont je me suis assuré en examinant un grand nombre de circonvolutions détachées du renflement postérieur de l'appendice.

Les vaisseaux qui parcourent l'épididyme sont soutenus par les prolongements celluleux de son enveloppe et leurs ramifications les plus déliées suivent les ondulations du canal séminal.

Cette structure fait voir que l'épididyme n'est pas seulement un tube conducteur, mais qu'il est aussi le siège d'une sécrétion analogue à celle de la glande séminale proprement dite et nous aurions pu le décrire avec cette glande, si sa présence était constante dans les animaux vetébrés et s'il ne se changeait pas insensiblement en tube conducteur.

Le canal déférent sorti de la queue de l'épididyme se porte en dedans et en avant, puis se dirige vers la vessie en se rapprochant de celui du côté opposé et en augmentant un peu de diamètre. Les deux canaux ainsi rapprochés l'un de l'autre s'appliquent contre la face inférieure de la vésicule séminale, entre elle et la vessie urinaire (fig. 72. pl. VI). Arrivé au niveau de l'issue de la vésicule séminale ils se rétrécissent de nouveau, percent la paroi inférieure de cette vésicule et s'ouvrent par deux orifices distincts dans la vésicule séminale elle-même, tout près de son orifice uréthral (*d*. fig. 68. pl. V).

Le canal déférent a des parois très-épaisses; il se compose d'une membrane extérieure fibreuse et d'une tunique interne muqueuse. La tunique fibreuse est formée de faisceaux de grosses fibres parallèles (fig. 67. pl. V), à contour net, disposées par couches, couvertes d'une grande quantité de granulations ou débris de noyaux qui leur donnent un aspect rugueux. Ces granulations très-rapprochées les unes des autres masquent le tissu fibreux quand celui-ci n'est pas suffisamment aminci. Les fibrilles, un peu plus grosses que celles que nous avons décrites précédemment, mesuraient 0,002 à 0,003 mm.; les granulations avaient de 0,005 à 0,007 mm. Ces fibres que les micrographes rattachent aux fibres musculaires organiques, se rapprochent évidemment des éléments du tissu cellulaire, mais elles s'en distinguent par leurs dimensions et par la grande quantité de débris de noyaux qui les recouvrent.

La tunique muqueuse recouverte de son épithélium (fig. 66. pl. V) dessine, dans toute l'étendue du canal déférent, un réseau à mailles très-étroites, formé par des cordons filamenteux disposés en travers, les uns au devant des autres, et desquels partent d'autres cordons plus fins qui s'entrecroisent pour constituer le réseau. Cette réticulation est plus distincte dans la portion élargie du canal déférent; elle cesse à quelques millimètres avant l'orifice extérieur de ce canal et elle est remplacée par des plis longitudinaux.

La vésicule séminale (fig. 68. pl. V. et fig. 72. pl. VI) est une poche membraneuse, à parois glanduleuses, de forme oblongue, légèrement bifurquée en avant, rétrécie en arrière, située au dessus du col de la vessie urinaire et appuyée contre le rectum. Elle est divisée intérieurement par une cloison longitudinale plus ou moins longue, mais toujours incomplète, qui commence entre les deux petites cornes antérieures et s'arrête ordinairement à une courte distance des deux renflements glanduleux que présentent les parois de la vésicule.

La muqueuse de cette poche est plus ou moins fortement plissée, suivant son degré de rétraction, autour des deux culs-de-sac antérieurs et de la cloison qui les sépare (fig. 68); elle est lisse ou faiblement ridée dans le reste de son étendue; elle forme quelques plis longitudinaux vers sa partie rétrécie.

La paroi dorsale de la vésicule séminale renferme dans son épaisseur des amas de follicules muqueux arrondies ou elliptiques (*k*. fig. 72. pl. VI), rapprochés de manière à former deux masses glanduleuses symmétriques, arrondies en avant et qui font saillie dans l'intérieur de la poche, sous la muqueuse. Ces deux paquets d'utricules, dont la composition est analogue à celle des glandes prostates, occupent la moitié ou les deux tiers de la longueur de la vésicule; ils sont placés entre ses deux tuniques et sont recouverts en outre par quelques fibres musculaires qui se détachent du sphincter vésical. Ces petits poches glanduleuses communiquent les unes dans les autres et finissent par aboutir à un canal excréteur commun qui s'ouvre dans l'urèthre, sur les côtés du verumontanum, avec les orifices des conduits prostatiques. Je n'ai pu distinguer aucun orifice dans les parois de la vésicule elle-même, en sorte que je suis porté à regarder les glandes en question comme des prostates accessoires *), quoique cependant la vésicule séminale soit le siège d'une abondante sécrétion glaireuse dont ces glandes pourraient bien être la source. La vésicule séminale se termine en arrière par un col étroit et court qui pénètre dans l'urèthre par sa face dorsale, au niveau du bord antérieur du sphincter vésical et s'ouvre au sommet du verumontanum, par une fente transversale, sémilunaire (*d.* fig. 150. pl. XV. et *b.* fig. 151). La vésicule séminale est composée du même tissu fibro-granuleux que celui qui forme la tunique externe du canal déférent, et qui appartient à la classe des tissus contractiles.

La partie du canal de l'urèthre dans laquelle s'ouvre la vésicule est aussi celle où arrive l'urine en sortant de son réservoir. Celui-ci, la vessie urinaire, est une poche ovoïde, musculeuse, terminée par un col très-allongé qui se continue directement avec l'urèthre. Ses parois commencent à devenir plus épaisses à deux centimètres derrière l'insertion des uretères; un peu plus loin, au niveau de l'embouchure de la vésicule séminale, le col de la vessie est entouré d'un anneau musculeux très-épais qui lui sert de sphincter, cet anneau entoure en même temps la base des glandes prostates et s'étend en arrière jusqu'aux glandes de cowper (*m.* fig. 72. pl. VI).

Le canal de l'urèthre, à partir de son origine où viennent affluer, d'une part, les produits des glandes séminales, de l'autre l'urine, appartient à la sphère externe des organes génitaux; nous en traiterons conséquemment en parlant des cette sphère.

---

*) Cuvier déjà considérait comme la prostate la glande de la vésicule séminale du lapin (Leçons, 2e édit. Tom. 8. p. 164).

Article II.

De l'épididyme et du canal déférent du coq.
Pl. VI et VII.

L'épididyme (fig. 74. pl. VI) est une bandelette longue et étroite située le long du bord interne du testicule et adossée contre les parois de la veine cave. Il se porte en avant jusqu'à la capsule surrénale correspondante sur laquelle s'étalent les replis du canal dont il se compose. En arrière il dépasse le testicule de 5 à 6 millimètres. Il adhère fortement au testicule par sa membrane propre, mais il en est réellement distinct et non confondu avec cette glande, comme on pourrait le croire d'après les descriptions qu'on en a données jusqu'à présent. Quand on sépare l'albuginée du testicule, on voit qu'elle ne se continue pas sur l'épididyme de manière à l'envelopper, mais qu'elle embrasse la glande seulement, tandis que l'épididyme est entouré d'une membrane fibreuse particulière. La plus grande largeur de l'épididyme dans le coq qui a servi à nos dessins était de 3 millimètres.

L'épididyme est formé par les ondulations irrégulières du canal spermatique qui se repli un grand nombre de fois sur lui-même, en formant des anses tellement serrées qu'il est presque impossible de les développer. La membrane fibreuse extérieure adhère aux replis de ce canal et les prolongements celluleux qu'elle envoie entre ces replis sont eux-mêmes très-résistants; toutes ces circonstances font de l'épididyme du coq un corps compacte très-difficile à préparer nettement. J'ai trouvé au milieu de cet appendice du testicule un canal plus gros que les autres et d'un aspect plus blanc, qui se portait jusqu'à son extrémité antérieure; il rappelle un canal analogue décrit et figuré par Lauth dans la tête de l'épididyme du testicule de l'homme *).

---

*) Mém. sur le testicule humain, p. 26. pl. I. fig. 7. *l*.

En arrière du testicule, l'épididyme se rétrécit insensiblement et ne se compose plus que d'un seul canal simplement replié sur lui-même, qui se change bientôt en canal déférent. Ce dernier présentait à son origine un petit kyste ovalaire, sorte de renflement latéral qui existait des deux côtés.

Le canal déférent se porte le long de la partie moyenne des reins correspondants, retenu fixé contre ces glandes par une bride péritonéale. Il longe le bord externe de l'uretère qu'il accompagne jusqu'au cloaque et pénètre dans cette dernière cavité en dehors du canal excréteur des reins (fig. 75. pl. VII). Dans le jeune coq, il contournait la bourse de fabricius (fig. 73. pl. VI) et pénétrait dans le cloaque à sa partie supérieure et latérale, à peu près vers le milieu de sa longueur.

Le canal déférent est replié sur lui-même en ondulations régulières dans toute sa longueur (fig. 75 et 76. pl. VII) et ses replis sont étroitement unis entre eux dans une gaîne cellulo-fibreuse, continuation de celle de l'épididyme. Le canal proprement dit n'avait pas plus d'un demi-millimètre de largeur, tandis que le diamètre de sa gaîne était d'un millimètre au moins. Ce canal est composé d'une tunique interne épithéliale et d'une tunique fibreuse extérieure (fig. 77). La tunique épithéliale est composée de cellules globuleuses, remplies de granulations, ayant, en moyenne, un diamètre de 0,04 mm. Cet épithélium rappelle celui des canaux séminifères, mais ici les cellules sont plus cohérentes, et elles paraissent unies par une substance intercellulaire transparente, formant comme une gaze finement réticulée qui serait appliquée sur les vésicules globuleuses et dont les mailles ont exactement le diamètre de ces vésicules.

La tunique externe ou fibreuse est formée de fibres longitudinales très-déliées qui mesurent à peine 0,0015 mm. (*b.* fig. 77).

Arrivé dans le voisinage du cloaque, le canal déférent, toujours placé au bord externe de l'uretère auquel il est uni par un tissu cellulaire très-dense, devient un peu plus large et forme des inflexions plus rapprochées.

Il s'engage ensuite entre les fibres du rectum et, après s'être renflé en une petite poche ovalaire (fig. 75 et 78. pl. VII), il s'ouvre dans la deuxième chambre du cloaque, au sommet d'une papille que plusieurs auteurs regardent comme une double verge rudimentaire (ee' fig. 75).

La structure du renflement terminal du canal déférent rappelle celle du canal déférent du lapin. Ce renflement a des parois assez épaisses; la muqueuse forme de grosses rides transversales, sortes de plis qui ressemblent aux plis transverses que nous avons décrits dans le lapin ($b.$ fig. 78). Cependant la muqueuse située entre ces rides n'est pas réticulée, elle a simplement un aspect velouté. Les fibres de l'enveloppe extérieure ont le même caractère que celles du canal lui-même.

Une artère provenant de la terminaison de l'aorte accompagne le canal déférent dans tout son trajet postérieur (fig. 75). Arrivée près du cloaque cette artère commence à se diviser en plusieurs branches qui remontent sur les côtés du renflement cloacal et ne tardent pas à former par leurs nombreuses subdivisions, un petit corps spongieux, lenticulaire, renflé, dont la structure rappelle celle du corps spongieux de l'urèthre (ff' fig. 75). Ce corps long de 7 millim., sur 3 à 4 de largeur, est collé contre la paroi du cloaque, sous le muscle constricteur du vestibule, au niveau de la papille séminale. Il est composé de vaisseaux nombreux étroitement entrelacés, unis entre eux par un tissu fibreux résistant, et il est entouré lui-même d'une capsule fibreuse qui adhère aux vaisseaux. *)

Ne pourrait-on pas regarder ces plexus vasculaires comme les corps spongieux d'un urèthre rudimentaire qui se seraient arrêtés dans leur développement, avant de se souder sur la ligne médiane? Leur composition et leurs rapports avec l'issue du canal déférent semblent légitimer ce rapprochement.

---

*) Barkow a figuré ce corps dans l'oie domestique (Disquisit. de arteriis mammalium et avium, in Nova Acta phys. med. 1844. Tom. XX. 2. pl. 34. fig. 46). Je ne le trouve pas, dans le coq, composé de rameaux ondulés parallèles, mais bien de rameaux entrelacés.

Article III.

De l'épididyme et du canal déférent du lézard.
Pl. II et VII.

L'épididyme (fig. 16 et 17. pl. II), dans le lézard des souches, est un corps dense, épais, prismatique, tronqué en avant, effilé en arrière, situé en dehors du testicule et au dessus de lui. Il est entouré d'une membrane fibreuse très-résistante et se compose de canaux qui ont la plus grande ressemblance, pour leur volume et leur disposition, avec ceux du testicule. Ce sont, en effet, de longs boyaux repliés transversalement sur eux-mêmes et étroitement retenus les uns contre les autres par un tissu cellulaire dense et résistant. De distance en distance on aperçoit de minces prolongements de l'enveloppe fibreuse qui pénètrent avec les vaisseaux entre les circonvolutions du canal séminal. En arrière l'épididyme se rétrécit, forme une espèce de queue et se change bientôt en canal déférent. Celui-ci, après un court trajet, s'applique contre la face inférieure du rein, à laquelle il adhère dans toute son étendue par du tissu cellulaire, forme une anse à convexité extérieure, puis se porte en ligne droite le long d'une rainure de la face inférieure du rein, jusqu'au cul-de-sac du cloaque (fig. 163. pl. XVI).

Le canal déférent, dont le diamètre n'est que le double de celui des canaux séminifères, est entouré d'une gaîne fibreuse élastique, continuation de l'enveloppe de l'épididyme, dans l'intérieur de laquelle il se replie sur lui-même d'une manière très-régulière (fig. 82. pl. VII). Ses replis sont unis les uns aux autres par le tissu de la gaîne, en sorte qu'il est impossible de le dérouler sans déchirer cette dernière. Arrivé au niveau du quart postérieur du rein, le canal déférent se sépare de cet organe, ainsi que de l'uretère en dedans duquel il était placé, et se porte vers l'ampoule ou cul-de-sac du cloaque. Avant de percer la paroi de cette cavité, il se renfle en une petite poche ovalaire (*d.* fig. 81), analogue au renflement terminal que nous avons vu dans le coq, puis se rétrécit de nouveau et se change en un petit tube qui forme au fond du cloaque une papille cylindrique commune au canal déférent et à l'uretère (fig. 81).

Le canal déférent et son renflement terminal sont composés d'une tunique fibreuse tapissée intérieurement par une muqueuse épaisse, d'un aspect velouté. La tunique fibreuse très-mince, transparente (fig. 84. pl. VII), est composée de fibrilles dont le diamètre ne dépasse pas 0,0013 ou 0,0015 mm.; elle ressemble à une toile celluleuse faiblement striée. Quand on examine par la lumière directe une coupe du canal déférent, on voit que l'enveloppe fibreuse se distingue par sa couleur de la muqueuse qu'elle soutient et l'on parvient assez facilement à la séparer de cette muqueuse et à en obtenir ainsi des lambeaux très-minces sans leur avoir fait subir aucun tiraillement.

La muqueuse est beaucoup plus épaisse, surtout celle du renflement du canal; ici elle a au moins 5 à 6 fois l'épaisseur de la tunique externe. Vue au soleil, par réflexion, à un grossissement de 20 à 30 diamètres, elle offre l'aspect velouté qui caractérise ces sortes de membranes. Elle est parfaitement lisse, sans plis ni réseau. De minces lamelles examinées par transparence apparaissent comme composées de granulations recouvertes d'un épithélium réticulé, c'est-à-dire formé de cellules devenues polygonales par leur rapprochement (fig. 83. pl. VII). Le cordon des mailles de cet épithélium en pavé est probablement dû à l'existence d'une véritable substance intercellulaire; l'épaisseur de ce cordon ne permet guère de supposer qu'il soit formé par le simple contour des cellules. Ces dernières mesuraient 0,005 mm., en moyenne. Il est probable que les nombreux petits points noirs dont paraît se composer la muqueuse et qu'on aperçoit à travers l'épithélium comme des granulations, sont les orifices de tubes glanduleux innombrables et d'une extrême petitesse, puis qu'ils n'apparaissaient que comme des points sous un grossissement de 400 diamètres.

La muqueuse conserve sa structure dans toute l'étendue de la papille qui termine le canal excréteur; la tunique fibreuse se continue aussi sur cette papille, mais elle n'y forme plus qu'une couche à peine distincte et elle se perd insensiblement. Le bord libre de la papille est très-mince et garni d'une rangée de cellules vibratiles.

Article IV.
Des canaux conducteurs du sperme dans les salamandres et dans les grenouilles.

Pl. VII, VIII et XIX.

Les salamandres ont un épididyme distinct et séparé du testicule. Dans le triton crêté (Tr. cristatus) l'épididyme (fig. 93. pl. VIII) est une longue bandelette très-mince, située au dessus du testicule correspondant, rapprochée de celle du côté opposé dont elle n'est séparée que par la veine cave et s'étendant en arrière le long d'une partie du bord externe du rein. Il est composé de nombreux tubes extrêmement déliés, serrés les uns contre les autres et unis entre eux par un tissu cellulaire dense.

Le canal déférent sort de l'extrémité antérieure de cette longue et étroite bandelette (fig. 94. pl. VIII); il forme à son origine une petite boucle (b.) de laquelle se détache un tube droit qui se porte en avant le long de la colonne vertébrale, jusque dans le voisinage du coeur où il se termine par une extrémité borgne. Cette espèce de diverticulum (e. fig. 92; f. fig. 93; c. fig. 94) a la même structure que le canal déférent proprement dit; on peut s'assurer qu'il est tubuleux dans toute sa longueur en l'examinant par transparence et en le coupant en travers.

Après avoir fourni cet appendice antérieur le canal déférent se porte en arrière, en décrivant de nombreux replis sinueux (e. fig. 93); il reçoit de distance en distance des tubes séminifères provenant de l'épididyme et qui s'ouvrent à angle droit dans sa cavité (dd. fig. 93). Plus en arrière, le long du bord externe de chaque rein, ce canal reçoit des cordons assez gros, blanchâtres, qui proviennent du rein et qui paraissent être la continuation des canaux urinaires (h. fig. 93; b. fig. 95 et 96). Ces cordons tubuleux forment un long faisceau en dehors de chaque canal déférent; ils se réunissent très en arrière pour s'ouvrir avec ce dernier à la paroi supérieure du cloaque *).

Dans les grenouilles on ne trouve aucune trace d'épididyme. Les canaux efférents du testicule pénètrent dans le rein et ne tardent pas sans doute à s'unir aux tubes excréteurs de cette glande urinaire. Il m'a été impossible de suivre ces canaux efférents jusque dans le tissu propre du rein et de découvrir leurs rapports avec l'uretère. Ce dernier est un tube effilé qui règne le long du bord externe du rein. Il commence par une extrémité très-déliée qui sort de la glande vers son quart ou son cinquième antérieur, augmente peu à peu de diamètre et se continue en arrière au dessus du rectum, après s'être rapproché de son congénère (fig. 86. pl. VII). Dans son trajet le long du rein l'uretère, ou si l'on veut, le canal uro-spermatique reçoit de distance en distance d'autres canaux qui viennent du rein; mais on ne peut suivre ces derniers au de là d'un très-court trajet.

Ainsi nous ignorons complètement quel est l'endroit exact où les canaux séminifères efférents se jettent dans les canaux urinaires. J'ai essayé inutilement d'injecter au mercure, sous des pressions tantôt faibles, tantôt fortes, le canal excréteur commun, par voie rétrograde. Je réussissais à le remplir, mais le mercure, au lieu d'arriver dans les canaux séminifères efférents, comme je l'espérais, remplissait les ramuscules veineux les plus déliés de la substance du rein, puis venait ressortir par la veine afférente de Jacobson. Il est probable que l'injection détermine des ruptures dans l'épaisseur de la substance du rein et qu'alors le mercure passe dans le système vasculaire de la glande. Les injections liquides de diverse nature

---

*) Ayant pris plus particulièrement la grenouille pour type de nos descriptions, nous renvoyons, pour plus de détails sur les organes sexuels et sur les reins des salamandres et des tritons, aux divers mémoires que M. Duvernoy a lus successivement à l'Académie des sciences (Comptes-rendus 1844, Tom. 19, et l'Institut 1844, No. 570. p. 399).

poussées à l'aide d'une seringue d'Anel ne pénètrent pas aussi loin et ne nous éclairent pas davantage au sujet des rapports entre les deux ordres de canaux.

Dans plusieurs grenouilles vertes, j'ai trouvé un canal déférent accessoire, sorte de diverticulum déjà signalé par Rathke et tout à fait semblable à celui que j'ai décrit plus haut dans le triton à crête. C'est un canal délié (fig. 87. pl. VIII) qui part du conduit uro-spermatique, à l'endroit où celui-ci quitte le bord externe du rein, et se porte en avant jusque sur les côtés de la racine du poumon, tantôt en ligne droite, quelquefois en décrivant des inflexions assez nombreuses. Ce canal est creux dans toute son étendue et non pas oblitéré, comme le dit Rathke *); on peut s'en assurer par des coupes ou même par des injections. Il n'a aucun rapport avec les canaux efférent du testicule. Une circonstance assez singulière, c'est que toutes les grenouilles chez lesquelles j'ai rencontré ce canal accessoire avaient les testicules très-petits. Sur plus de 30 grenouilles mâles que j'ai examinées sous ce rapport, je n'en ai trouvé aucune trace chez celles dont les testicules étaient développés **). Ce canal déférent accessoire, qui paraît, d'après ce qui précède, n'être que transitoire dans les grenouilles verte et rousse, existe constamment dans

---

*) En parlant du canal déférent du bufo cinereus, Rathke dit qu'il se prolonge en avant et que ce prolongement antérieur est plein, tandis que le canal déférent proprement dit est creux (Neueste Schriften der naturf. Gesellschaft zu Danzig, I. 3. p. 43).

**) Rathke dit que le canal déférent des grenouilles est à peine visible au 1er automne, parcequ'il s'unit à l'uretère immédiatement derrière le rein. Dans la seconde année, il s'unit déjà plus en arrière à l'uretère. Dans la 3e année la réunion de ces deux canaux n'a lieu qu'à une petite distance du cloaque. Plus tard encore les canaux déférents se séparent tout-à-fait des uretères et s'ouvrent séparément dans le cloaque; c'est du moins le cas dans la plupart des anoures; mais dans le bufo cinereus le canal déférent s'unit pendant toute la vie à la partie moyenne de l'uretère (loc. cit. p. 36 et s.). — Quoique j'aie examiné des grenouilles très-volumineuses et probablement de troisième année, je n'ai jamais rencontré la séparation complète du canal déférent et de l'uretère, telle que la décrit le célèbre anatomiste de Danzig, quoique j'aie disséqué l'uretère sous le microscope, afin de voir si le canal déférent ne serait pas collé contre ses parois. (Note ajoutée en Décembre 1847.)

le bufo scaber et dans le bombinator igneus, batraciens chez les quels il a la même disposition que dans les grenouilles.

A une petite distance du bord postérieur du rein, le canal uro-spermatique se renfle latéralement en un réservoir particulier décrit par les auteurs sous le nom de vésicule séminale (fig. 85 et 86. pl. VII). C'est un corps aplati, renflé au milieu, allongé à ses deux extrémités, sur tout à l'extrémité postérieure; il est dense, à parois résistantes et ordinairement recouvert d'un pigment noir (fig. 90. pl. VIII). Ce corps, situé au dessus du rectum et sur ses côtés, est développé aux dépens du côté externe du canal commun à la semence et à l'urine. La paroi externe de ce canal est percée de 7 à 8 ouvertures (*B*. fig. 88. pl. VIII) qui conduisent dans autant de cavités anfractueuses disposées transversalement et parallèles les unes aux autres. Les parois de ces cavités sont elles-mêmes percées d'ouvertures qui conduisent dans des cavités plus petites, au fond desquelles on en voit de plus petites encore, en sorte que la masse entière de la poche ressemble à un tissu caverneux à mailles de plus en plus étroites et très-serrès surtout vers le bord externe du réservoir (fig. 88 et 89). Une injection au mercure faite par le canal remplit rapidement la poche et en distend les parois. Le cordon qui forme ces mailles est fibreux; les cavités celluleuses sont tapissées par une muqueuse veloutée, de même nature que la muqueuse de l'uretère.

La dénomination de vésicule séminale donnée à ce renflement de l'uretère nous semble impropre. Sa structure spongieuse, la nature fibreuse et l'épaisseur de ses parois qui se prêtent peu à la distension, l'épaisseur relative de la muqueuse qui tapisse toutes les anfractuosités de cette poche, indiquent assez qu'elle doit être envisagée comme un organe de sécrétion [*]). D'ailleurs elle ne pourrait contenir qu'une très-petite

---

[*]) J'ai trouvé, sur une grenouille tuée au mois de Décembre, ces poches couvertes d'un réseau très-serré, indiquant leur richesse vasculaire. Les vaisseaux entouraient les nombreuses cellules dont l'organe se compose (fig. 90. pl. VIII).

quantité de fluide séminal mélangé à l'urine et serait par conséquent insuffisante pour remplir les fonctions de réservoir. Il est donc probable que cet organe, qu'il conviendrait d'appeler tout simplement **renflement spongieux** de l'uretère, sécrète un liquide destiné à se mêler au liquide spermatique, à peu près comme le fait la prostate dans les mammifères. Sans doute l'humeur prostatique n'est pas nécessaire à ces animaux, puisque la semence trouve dans l'urine et plus tard dans l'eau qui la reçoit, un véhicule suffisant pour la délayer; mais nous ne savons pas si le rôle de la liqueur prostatique se borne à cette action mécanique ou si elle n'ajoute pas à la semence certaines qualités qu'elle n'avait pas auparavant. Cependant nous ne prétendons pas comparer le renflement spongieux de l'uretère des grenouilles à la prostate, car sa structure en diffère essentiellement; nous avons voulu simplement montrer quelle est sa destination probable.

A la suite du renflement spongieux, le canal uro-spermatique se rapproche de son congénère; tous deux se collent contre la paroi supérieure du rectum, rampent pendant un court trajet entre les fibres longitudinales de cet intestin, et s'ouvrent, chacun par un orifice distinct, au sommet de deux plis situés dans le cloaque, derrière la valvule rectale (c. fig. 195 et 196. pl. XIX) et sur lesquels nous reviendrons en décrivant le cloaque.

Le canal uro-spermatique est composé d'une membrane fibreuse tapissé intérieurement par une muqueuse assez épaisse dont les plis irréguliers sont disposés en réseau. La tunique fibreuse (fig. 91. pl. VIII) est formée de fibrilles très-déliées, serrées et comme entrelacées. La muqueuse devient plus épaisse vers sa terminaison, et elle forme, dans la portion qui traverse les fibres du rectum, des plis longitudinaux rapprochés les uns des autres. Cette muqueuse se distingue, par sa blancheur de lait, de la muqueuse du cloaque. Elle est garnie, autour de l'orifice de la papille cloacale, d'une frange circulaire de cellules cylindriques (épithélium cylindrique) probablement pourvues de cils vibrat es, quoique je n'aie pu distinguer ces derniers (fig. 197. pl. XIX).

Article V.

Du canal excréteur du testicule dans le brochet.

Pl. VIII et XX.

Il existe le long du bord dorsal du testicule un canal qui commence dans la partie la plus avancée de la glande et règne sans interruption et en augmentant un peu de diamètre, dans toute sa longueur. Ce conduit rempli de liquide spermatique, et qu'on pourrait, au premier abord, prendre pour un épididyme, à cause de l'aspect qu'il présente, est le canal excréteur du testicule désigné généralement, comme chez les animaux supérieurs, sous la dénomination de canal déférent.

Il commence en avant par des filaments très-grêles qui se détachent à peine de la masse du testicule, s'entrecroisent sous des angles aigus et forment un réseau à mailles allongées qui rappelle le plexus séminal (rete testis) des mammifères (*A*. fig. 97. pl. VIII). Cette bandelette ou plutôt ce cordon réticulé s'élargit peu à peu et acquiert, après un trajet de quelques centimètres, le diamètre qu'il conservera dans toute la longueur du testicule. Ce diamètre était de 2 millimètres sur un testicule de 16 mm. de largeur. Dans tout son trajet, le canal déférent est divisé intérieurement par des cloisons fibreuses longitudinales ou obliques, en cellules allongées et irrégulières remplies de liquide spermatique qu'on distingue à travers les parois des cellules; c'est ce qui donne au canal excréteur dont nous parlons l'aspect réticulé qui le caractérise (*B*. fig. 97 et *b*. fig. 98).

Les canaux séminifères du testicule s'ouvrent de distance en distance dans ce canal cloisonné, par des orifices plus ou moins gros, suivant le diamètre des tubes qui résultent de la réunion des conduits spermatiques. Si l'on examine une coupe transversale du testicule et de son canal excréteur (fig. 98. pl. VIII), on voit que c'est l'albuginée elle-même qui se prolonge au de là de la glande, pour former le canal commun et les cloisons fibreuses qui le divisent intérieurement. Le tissu propre de ces cloisons se compose d'écheveaux de fibrilles extrêmement fines, ayant, au plus, 0,002 mm. d'épaisseur et étroitement entrelacées (fig. 100. pl. VIII). Les cavités ou cellules qui résultent du cloisonnement du canal commun sont tapissées par une muqueuse veloutée recouverte d'un épithélium vésiculeux, c'est à dire formé de cellules globuleuses, du diamètre de 0,005 mm., serrées les unes contre les autres, disposition qui donne à cet épithélium l'apparence d'un réseau.

Les canaux déférents se séparent des testicules à une hauteur inégale: le droit, au niveau du bord antérieur de la vessie, le gauche plus en arrière, vers le tiers postérieur de cette poche. Au niveau de cette séparation, ou même un peu avant qu'elle n'ait lieu, le canal déférent s'élargit, puis se renfle en un corps aplati, fusiforme, qui se rétrécit insensiblement en arrière (*c.* fig. 202. pl. XX). Ces renflements qui avaient, dans l'individu que j'ai fait dessiner, 12 millim. de longueur sur 5 de largeur, sont rapprochés l'un de l'autre et collés contre la face dorsale du rectum auquel ils adhèrent intimement, ainsi qu'à l'uretère situé au dessus d'eux; bientôt ils s'unissent l'un à l'autre et se confondent en un tube commun long de 12 mm. sur 2 à 3 mm. de largeur, qui va s'ouvrir au dehors, au niveau du pore génital (fig. 203 et 204. pl. XX).

La structure des corps renflés du canal déférent est identiquement la même que celle de ce canal. Comme lui, ils sont composés de faisceaux fibreux qui s'entrecroisent de manière à former un tissu à mailles très-serrées, allongées, de dimensions irrégulières (fig. 99. pl. VIII). Cette structure réticulée et spongieuse cesse à leur point de jonction; le canal qui résulte de leur réunion n'a plus que des parois lisses (fig. 204. pl. XX). *)

---

*) La structure de ces renflements ne permet pas de les regarder comme des vésicules sémi-

Le canal excréteur que nous venons de décrire a évidemment pour usage de ralentir singulièrement la marche de la liqueur séminale, afin de lui permettre de s'élaborer. On remarquera, d'un autre côté, que la semence ne doit sortir que lentement et successivement, afin qu'elle puisse suffire à féconder les quantités innombrables d'oeufs pondus par les femelles. Or, ce but n'aurait pas été atteint si le canal déférent avait été un tube à cavité continue; la semence, versée en trop grande quantité à la fois, se serait disséminée dans l'eau, avant d'avoir eu le temps d'opérer son action sur les oeufs.

Article VI.
Résumé comparatif.

Les canaux destinés à transmettre hors du corps les produits de la sécrétion des testicules existent dans tous les vertébrés, excepté dans quelques poissons, tels que les anguilles, les lamproies, les myxinoïdes chez lesquels ces produits tombent dans la cavité abdominale, pour être portés au dehors par les canaux péritonéaux.

Ces canaux ont pour caractères communs de se continuer directement avec la glande spermagène et de s'unir tôt ou tard, le plus souvent du moins, aux canaux chargés de transmettre l'urine. Ils se rapprochent aussi par leur structure qui annonce à la fois des organes sécréteurs et conducteurs, et qui indique, comme nous le verrons, que le liquide séminal est destiné à s'élaborer plus ou moins dans leur intérieur. Mais ces canaux présentent, dans les divers groupes de vertébrés, des différences notables relativement à leur degré de développement. Nous les comparerons entre eux sous le rapport de leur origine, de leur marche, de leur

---

nales, ainsi que les envisageait Petit (Acad. des sciences 1733). Ce sont des organes destinés à diviser le liquide spermatique et à ralentir sa marche, opinion déjà émise par Treviranus (Beiträge zur Kenntniss der Zeugungstheile der Fische, in Zeitschrift II. 3. 1827).

terminaison et de leur structure; cette comparaison nous permettra d'établir les rapports d'analogie qu'ils peuvent offrir et la marche de leur dégradation.

Origine. — Les canaux conducteurs du liquide séminal commencent toujours au testicule lui-même par un nombre variable de tubes très-déliés qui sortent de la glande et se distinguent par leur direction rectiligne (canaux efférents). Nous avons vu cette origine dans le lapin, le coq, le lézard, le triton, la grenouille. Dans le brochet et chez les poissons en général, les canaux séminifères se réunissent dans la glande elle-même et s'ouvrent de distance en distance dans le canal excréteur: mais chez les sélaciens nous retrouvons de nouveau des tubes efférents qui sortent de la glande avant de se réunir.

Marche. — Les canaux efférents se réunissent en un tube unique qui répète en quelque sorte, en dehors du testicule, la structure du testicule lui-même: c'est l'épididyme. Nous avons décrit ce testicule accessoire dans le lapin, le coq, le lézard et le triton crêté; et, dans se quatre types, nous lui avons reconnu le même caractère essentiel, la même disposition, la même structure. Ses nombreux remplis permettent à la liqueur séminale de s'élaborer, en même temps que ses parois continuent la sécrétion commencée dans le testicule. Mais peu à peu il perd son caractère de tube sécréteur pour revêtir plus particulièrement celui de canal excréteur ou de transmission; c'est alors qu'il prend le nom de canal déférent.

C'est dans les mammifères seulement que ce dernier canal acquiert tout son développement; il se distingue tout d'abord par sa direction rectiligne, par son diamètre et par sa structure. Dans les oiseaux, les reptiles, les batraciens urodèles et les sélaciens, les seuls vertébrés qui aient un véritable canal déférent, et déjà même dans les monotrèmes, parmi les mammifères, ce canal reste sinueux dans toute son étendue. Ses sinuosités, du moins chez le coq et le lézard, sont retenues par une membrane fibreuse qui l'enveloppe comme une gaîne et qui envoie des prolongements entre chaque repli. Or, cette disposition rappelle évidemment celle du corps de l'épididyme du lapin, partie moyenne dans laquelle on voit le tube séminal former une seule rangée de flexuosités entourées de leur membrane fibreuse. Les vertébrés autres que les mammifères n'ont donc, à notre avis, que la première moitié de l'appareil excréteur de ces derniers: la tête et le corps de l'épididyme; la queue de cet organe et le canal déférent proprement dit manquent; ce dernier est réduit à un très-petit renflement qu'on a comparé à une vésicule séminale, mais qui rappelle bien mieux, par les plis transverses que présente sa muqueuse (dans le coq), la structure du canal déférent des mammifères. L'épididyme manque entièrement, comme on sait, dans les batraciens anoures, et leur canal excréteur sert à la fois de conduit à l'urine et au sperme. Quant aux poissons (les sélaciens exceptés) ce qu'on appelle canal déférent n'a plus les caractères de ce tube excréteur. C'est un canal cloisonné divisé intérieurement en une multitude de canaux plus petits; ou, si l'on veut, c'est un plexus séminal formé par la réunion d'une multitude de conduits excréteurs qui se croisent sous des angles variés. Nous pourrions donc le comparer au rete testis des mammifères. De cette manière les poissons auraient perdu beaucoup plus que les autres vertébrés ovipares; leur appareil séminal se réduirait au testicule et au rete testis. Cette interprétation conduirait naturellement de ce degré déjà très-inférieur de développement à un degré plus inférieur encore, celui des poissons qui n'ont plus aucune trace de conduit excréteur particulier (lamproies, anguilles).

Terminaison. — Le canal déférent a des rapports plus ou moins étroits avec le conduit excréteur des reins; c'est une conséquence de l'origine commune de ces deux ordres de canaux. Dans le mammifères la semence est versée à l'origine d'un canal commun, l'urèthre, qui fait suite au col de la vessie urinaire; dans les oiseaux, elle arrive à une petite distance de l'orifice des uretères et dans la même chambre cloacale; chez les reptiles, c'est au sommet d'une même papille que s'ouvrent les deux orifices; enfin chez les poissons l'urine est presque toujours versée dans le canal excréteur des organes génitaux. Mais c'est surtout chez les batraciens anoures que ces connexions entre les deux conduits sont étroites, puisqu'ils restent confondus en un seul tube, et que, jusqu'à présent, il n'a pas encore été possible de déterminer les rapports entre les conduits séminifères efférents et les conduits urinaires.

Le canal déférent des mammifères est ordinairement muni, près de son orifice, d'un réservoir particulier connu sous le nom de vésicule séminale. Cette poche, dont la structure est la même que celle du canal déférent, reçoit en dépôt le liquide séminal et ses parois sécrètent une humeur particulière destinée peut-être à modifier ce liquide. La vésicule séminale, à notre avis, n'existe que chez les mammifères. Je ne crois pas qu'on puisse lui comparer le renflement vésiculeux que j'ai décrit dans le coq et le lézard et encore moins les renflements spongieux du canal urospermatique des batraciens anoures ou ceux qui terminent les canaux déférents du brochet. Ces derniers renflements qui ont la même structure que les canaux déférents eux-mêmes sont destinés à élaborer le fluide séminal et à ralentir sa marche; ceux de la grenouille servent probablement à fournir un produit particulier; quant aux renflements vésiculeux du coq et du lézard, ils représentent le canal déférent proprement dit, ainsi que nous l'avons fait voir. Les sélaciens ont aussi un renflement analogue à l'issue de leurs canaux excréteurs.

Structure. — Les canaux conducteurs des produits du testicule offrent une structure différente suivant la région que l'on examine. A leur origine (épididyme), nous avons déjà dit qu'ils ont encore les caractères des tubes sécréteurs du testicule; à mesure qu'on approche de leur terminaison, leurs parois s'épaississent et prennent peu à peu le caractère d'un tube excréteur. Ainsi le canal déférent proprement dit, dans le lapin, est composé d'une membrane fibreuse contractile et d'une tunique muqueuse réticulée; on peut suivre assez loin cette structure dans la queue de l'épididyme. Dans le coq et dans le lézard, le canal flexueux qu'on désigne ordinairement sous le nom de canal déférent, a une muqueuse qui ne diffère en rien du revêtement intérieur des conduits séminifères; le renflement terminal seul est composé d'une tunique muqueuse et d'une enveloppe fibreuse comparables aux mêmes tissus du canal déférent proprement dit du lapin.

Ainsi, en résumé, les canaux conducteurs du fluide séminal atteignent leur plus haut degré de composition dans les mammifères proprements dits. Les monotrèmes, les oiseaux, les reptiles et les sélaciens présentent un degré de développement inférieur caractérisé par l'absence d'une grande portion du canal excréteur propre.

Un troisième degré a pour type les batraciens anoures, chez lesquels il n'y a plus d'épididyme et où l'on voit persister pendant toute la vie la réunion des uretères et des canaux de la semence.

Enfin dans un quatrième degré se rangent les poissons, chez lesquels le canal excréteur n'est plus qu'une modification des canaux sécréteurs eux-mêmes qui se sont disposés en plexus séminal, partie qui manque même dans plusieurs familles.

Chapitre quatrième.
De la sphère conductrice dans les femelles.

Article I.
De la trompe de fallope et de l'utérus du lapin.

Pl. III, IX et X.

Les canaux chargés, dans les mammifères, de conduire au dehors les produits fournis par l'ovaire, se composent, comme on sait, d'un tube étroit, la **trompe de fallope**, qui commence par une dilatation en forme d'entonnoir, le **pavillon**, et d'une portion dilatée, a parois très-épaisses, l'**utérus**, dans laquelle l'oeuf fécondé séjourne pendant un temps plus ou moins long, afin d'y subir ses transformations successives.

Dans le lapin le pavillon a la forme d'un entonnoir très-comprimé ou d'une boutonnière formée par deux lèvres soudées entre elles dans une grande partie de leur étendue et dont le centre est percé d'une ouverture circulaire qui conduit dans l'intérieur de la trompe (*d*. fig. 35. pl. III). L'une des deux lèvres adhère intimement à l'ovaire, sur les parties latérales de son extrémité antérieure; l'autre tient au mésentère qui accompagne le bord externe de la trompe. Ces attaches forcent en quelque sorte le pavillon à se replier sur l'ovaire, de sorte que ce dernier en est en grande partie entouré et recouvert comme d'un capuchon.

Chacune des lèvres du pavillon est munie de gros plis saillants garnis eux-mêmes de plis plus petits ondulés et crénelés sur leurs bords. Ces plis gaufrés sont recouverts d'une muqueuse marquée de stries parallèles qui se dirigent vers leur bord libre et qui ne sont encore elles-mêmes que des froncements ou des plis très-étroits.

Des vaisseaux sanguins se ramifient en grande quantité sur les nombreuses divisions du pavillon et forment à leur surface des arborisations très-déliées (pl. III. fig 35).

Les plis du pavillon convergent tous vers l'embouchure de la trompe et se continuent avec ceux de ce dernier tube; mais ils s'en distinguent parcequ'ils sont beaucoup plus élevés et plus minces (fig. 103. pl. X).

La muqueuse du pavillon est recouverte, dans toutes ses inégalités, d'un épithélium vibratile. Quand on examine un pli étalé sur une lame de verre, on voit que ce pli est terminé par un rebord plus clair semblable à une bandelette transparente. Cette bandelette est composée de cellules cylindriques faiblement granuleuses, longues de 0,05 mm. sur 0,02 mm. de largeur, dont le bord libre est garni de cils très-rapprochés qui n'ont pas plus de 0,005 mm. de longueur (fig. 107. pl. X). Ces cils vibraient avec beaucoup d'agilité; le mouvement dura plusieurs heures sur une femelle qui se trouvait en gestation tout aussi bien que sur plusieurs autres dont l'utérus était vide *). Je n'ai trouvé que dans quelques cellules seulement un noyau transparent situé à une petite distance du bord cilié; il mesurait 0,004 mm.

Au delà du rebord transparent la muqueuse avait un aspect réticulé, à mailles d'inégale grandeur. Cet aspect provient de ce qu'on aperçoit alors les cellules de face et non plus de profil. En allongeant le foyer on voyait cette apparence de réseau se continuer sur les cellules cylindriques du bord, ce qui indique que celles-ci occupaient un plan inférieur aux premières. Dans certaines parties on distinguait faiblement les contours opposés des cylindres et ces derniers paraissaient obliquement couchés les uns sur les autres. Ces différentes vues nous apprennent que la muqueuse est entièrement recouverte de cellules de même forme que celles qui apparaissent à la circonférence, mais qu'on ne distingue les cils vibratiles que lorsque ces cellules sont couchées à plat sur la lame de verre. — Le pavillon est donc, comme on voit, une pièce organisée pour pouvoir se développer suffisamment afin de s'appliquer contre l'ovaire.

La trompe de fallope, qui fait suite au pavillon, est un tube long et étroit, étendu entre l'ovaire et l'utérus (fig. 35. pl. III). Sa portion recourbée avait 1½ centimètre de longueur dans l'individu que j'ai fait dessiner; sa portion droite mesurait 6 centimètres. Cette dernière portion n'était redressée que dans les femelles en gestation; chez les autres, au contraire, elle était très-sinueuse (a, fig. 102, pl. X).

La trompe de fallope est retenue, avec le pavillon, par un mésentère chargé de graisse qui se prolonge en avant jusque vers le rein et qui, après avoir embrassé le pavillon pour le fixer contre l'ovaire, se continue jusqu'à l'utérus et se perd dans le mésentère de ce dernier (pl. IX).

---

*) M. R. Wagner n'a plus trouvé de mouvement vibratile 6 à 8 jours après la fécondation (Mém. de Munich, l. c.). J'ai vu distinctement ce mouvement dans une femelle dont les renflements utérins avaient déjà plus de 2 centimètres de diamètre.

Sur un individu femelle, en gestation, j'ai trouvé dans le coude formé par la trompe, en avant de l'ovaire, un petit oeuf enfoui au milieu du tissu graisseux de cette partie (*i.* fig. 35. pl. III et *e″* fig. 101. pl. IX). Cet oeuf, situé en dehors du conduit tubaire, ne tenait que par des vaisseaux qui lui formaient un pédicule avant de se répandre à sa surface.

La trompe de fallope avait 2 ½ mill. de diamètre près de son embouchure extérieure; elle se rétrécissait insensiblement et arrivait bientôt à n'avoir plus qu'un millimètre. Un peu avant sa terminaison elle se dilatait de nouveau, mais faiblement. Ce tube était parcouru par de nombreux vaisseaux sanguins qui se ramifiaient à sa surface en arborisations très-déliées. Les vaisseaux se réunissaient ensuite en un tronc commun qui recevait aussi les veines de l'ovaire et se jetait dans la veine cave.

Intérieurement, la trompe de fallope est garnie de gros plis longitudinaux, au nombre de 12 à 15 (fig. 103. pl. X), entre lesquels on en voit un plus grand nombre de plus petits, anastomosés entre eux de manière à former un réseau. Ces plis, qui se continuent avec ceux du pavillon, sont comprimés latéralement, ondulés et crénelés. En arrière, quand la trompe se rétrécit, ils sont moins élevés, moins nettement séparés et comme interrompus de distance en distance. Ils deviennent de nouveau plus élevés, plus épais et droits, sans ondulations, à un centimètre environ de l'embouchure de la trompe dans l'utérus (fig. 104).

La trompe de fallope s'ouvre dans l'utérus par un pertuis étroit, entouré d'une rosette de lobes ou papilles saillantes formées par la muqueuse (fig. 35. pl. III et fig. 104. pl. X).

Ce tube excréteur est composé d'une tunique fibreuse (fig. 106. pl. X) formée de fibres ondulées, entrelacées, rugueuses, parsemées d'une petite quantité de corpuscules transparents (débris de noyaux); ces fibres appartiennent au groupe des fibres musculaires organiques. La muqueuse qui tapisse cette membrane fibreuse est recouverte d'un épithélium à cellules vibratiles plus petites que celles du pavillon; ces cellules cylindriques mesurent 0,025 mm. de longueur sur 0,012 à 0,015 mm. de largeur et renferment un noyau punctiforme. Les grosses papilles qui entourent l'orifice de la trompe dans l'utérus sont aussi couvertes de longs cylindres vibratiles.

Le cordon fibreux élastique qui longe la trompe de fallope et s'attache à l'ovaire (*c.* fig. 35. pl. III) est composé de fibrilles mesurant environ 0,0015 mm. entremêlées de nombreux corpuscules transparents du diamètre de 0,005 à 0,007 mm. (fig. 105. pl. X). L'acide acétique rend ces fibrilles plus transparentes, mais ne fait subir aucune altération aux corpuscules eux-mêmes.

L'**utérus** fait suite à la trompe de fallope. C'est un long boyau cylindrique, recourbé en dehors en forme de corne de bélier et qui existe symmétriquement des deux côtés (fig. 101. pl. IX; fig. 102. pl. X et fig. 152. pl. XV). Son diamètre est subitement beaucoup plus considérable que celui de la trompe et ses parois acquièrent une grande épaisseur.

Ces deux gros tubes sont maintenus contre les parties voisines et reliés entre eux par un large mésentère qui s'attache sur toute la longueur de leur bord postérieur et vient se fixer contre la face inférieure du tube vaginal, sur la ligne médiane de ce tube. Ce mésentère ou mésomètre se compose de deux lames entre lesquelles marchent de nombreux vaisseaux au milieu d'un tissu cellulaire graisseux. Chaque lame est formée de faisceaux fibreux longitudinaux et transverses qui s'entrelacent de manière à constituer une toile fibreuse très-serrée et très-élastique (*m.* fig. 101. pl. IX). Une bandelette qui se détache de l'aponévrose interne des muscles du bas-ventre, tout près du canal inguinal, se porte le long du bord externe de ce mésentère et sert à le renforcer et à le soutenir (*n.* fig. 101).

Les faisceaux fibreux de ce mésomètre (fig. 108. pl. X) sont eux-mêmes composés de fibrilles ondulées, très-rapprochées les unes des autres, mesurant environ 0,0017 à 0,0020 mm. (fig. 109). Ces fibrilles sont raides, cassantes; leurs extrémités déchirées restent droites; on distingue sur quelques-unes d'entre elles des traces de noyaux peu marquées, sous la forme de petits points transparents. Elles appartiennent aux fibres musculaires organiques et sont identiquement les mêmes que celles qui composent les parois de l'utérus.

Les deux utérus sont unis entre eux, près de leur terminaison, par la couche musculeuse la plus superficielle qui passe de l'un à l'autre; mais, quand on a enlevé cette couche, on ne trouve plus entre les deux tubes qu'un tissu cellulaire très-dense parcouru par des vaisseaux; en sorte que les utérus ressemblent à deux oviductes qui seraient simplement rapprochés l'un de l'autre et adossés sur la ligne médiane.

Les deux boyaux utérins qui avaient chacun 17 centimètres de longueur sur 1 cent. de largeur, dans un lapin adulte, mais non en gestation, s'ouvrent à côté l'un de l'autre, au fond du vagin, par deux orifices circulaires situés à l'extrémité de deux courts cylindres qui font saillie dans le tube vaginal et répondent au museau de tanche des auteurs (fig. 102. pl. X et fig. 152. pl. XV); chacun de ces cylindres avait 0,012 mm. de longueur.

Dans un lapin en gestation l'utérus avait la même longueur, mais il était renflé de distance en distance à des intervalles assez égaux (pl. IX), et les étranglements qui séparaient ces renflements globuleux avaient conservé le diamètre ordinaire de l'utérus à l'état de vacuité, circonstance qui fait voir que le développement du tube utérin a lieu par places et ne s'étend pas à tout le tube.

Intérieurement l'utérus présente, dans toute son étendue, des plis longitudinaux très-développés; ces plis n'existent que dans les portions étranglées des matrices en gestation. Ils sont larges et élevés, rapprochés les uns des autres, gaufrés et offrent des ondulations nombreuses (fig. 102); ils s'arrêtent au commencement de chaque museau de tanche. L'intérieur de ce cylindre terminal est garni de gros plis droits qui marchent parallèlement les uns aux autres (fig. 102) et forment un bourrelet en rosette autour de l'orifice vaginal de chaque tube (*f.* fig. 35. pl. III).

La longueur intérieure de ce tube de sortie qui répond au col de l'utérus des auteurs était de 0,016 mm.; cette longueur dépasse celle du museau de tanche, parceque le commencement du col utérin est enveloppé par le prolongement des fibres du vagin et par les fibres superficielles qui passent d'un col utérin à l'autre.

L'utérus se compose de trois membranes: une muqueuse interne, une musculeuse et la séreuse péritonéale extérieure.

La muqueuse est très-épaisse; c'est elle surtout qui forme les gros plis dont nous avons parlé, plis qui se décomposent en lamelles de plus en plus petites. Cette muqueuse apparaît sous le microscope comme formée par l'agglomération d'une immense quantité de très-petits points noirs qui sont sans doute les orifices d'autant de tubes sécréteurs. Elle est recouverte, dans toute son étendue, d'un épithélium vibratile. J'ai examiné cet épithélium autour de l'insertion de la trompe de fallope, vers le milieu de l'utérus et à sa terminaison autour du bourrelet vaginal et je l'ai trouvé composé de cellules semblables à celles de la muqueuse du pavillon.

Dans un lapin dont l'utérus était vide, j'ai trouvé à l'entrée du tube utérin, tout près de bourrelet de la trompe, un oeuf du diamètre de 5 millimètre qui adhérait fortement à la muqueuse. Les plis de cette dernière subdivisés en plis de plus en plus petits, couverts de leur réseau vibratile, entouraient l'oeuf de toutes parts et servaient en quelque sorte à l'enchâsser; on voyait des vaisseaux passer sur l'oeuf et se ramifier à sa surface; le mouvement vibratile était très-vif et les cils très-apparents.

La tunique musculeuse de l'utérus quoique assez mince, est dense et très-résistante; elle est formée de faisceaux serrés, étroitement entrelacés, d'un aspect presque tendineux. Si l'on détache une lamelle très-mince de cette tunique et qu'on l'amincisse encore davantage en la râclant, on voit qu'elle se résout en fibrilles ondulées, très-déliées, cassantes et qui ont le même aspect microscopique que les fibrilles du mésomètre. Cette densité remarquable de la tunique musculeuse explique la faculté que possède l'utérus de se distendre au point de rendre son diamètre cinq à six fois plus grand. On conçoit facilement que cette densité ait pour effet de concentrer dans un très-petit espace une quantité innombrable d'éléments fibreux qui serviront au développement ultérieur de l'organe.

Article II.
De l'oviducte de la poule.
Pl. XI et XII.

On sait que les oiseaux n'ont en général qu'un seul oviducte développé, l'oviducte gauche. Dans la poule cet oviducte a la forme d'un long boyau replié plusieurs fois sur lui-même en forme d'intestin et s'étendant depuis l'ovaire jusqu'au cloaque (fig. 110. pl. XI). Il est fixé par son mésentère le long de la paroi dorsale de la cavité viscérale, au dessus des intestins, dans une cellule viscérale particulière.

L'oviducte se compose de plusieurs portions dont l'aspect et la disposition varient suivant que l'ovaire est en repos ou en pleine activité. Pour constater ces différences, nous avons étudié l'oviducte d'une jeune poule de l'année, celui d'une poule adulte, mais qui ne pondait pas, et celui de deux poules très-fécondes, dont l'une pondait encore, au mois de novembre, un grand nombre d'oeufs. Nous comparerons entre elles mêmes parties dans la poule adulte qui ne pondait pas et dans la poule féconde; pour faciliter les descriptions nous désignerons la première par le No. 1 et la seconde par le No. 2.

L'oviducte commence par une portion évasée en entonnoir et garnie d'un rebord très-étendu, plissé et frangé: c'est le pavillon.

Dans la poule No. 1 (fig. 110. pl. XI), le pavillon se présentait sous la forme d'une longue boutonnière, dont les lèvres plissées et sinueuses s'étendaient sur les circonvolutions de l'oviducte, depuis les parties latérales de l'ovaire jusqu'au renflement terminal désigné généralement sous le nom de matrice. Cette boutonnière avait 0,06 centim. de longueur.

En écartant ses bords on voyait, au milieu, l'ouverture ovalaire de l'oviducte, ouverture dont la longueur n'était que de 0,012 mm., c'est à dire le cinquième de celle de la boutonnière. Les deux lèvres se soudaient au delà de l'ouverture ; leurs bords frangés parallèles se réunissaient en avant, au niveau de l'ovaire et en arrière, au dessous du dernier tour de l'oviducte.

La commissure antérieure de ce pavillon était fixée par un ligament élastique sur les côtés de la cavité viscérale, derrière le bord postérieur du poumon gauche, tout près des grandes ouvertures postérieures des tuyaux bronchiques (h. fig. 110). Ce cordon oblique, qui tire en avant le pavillon et sert à le maintenir tendu, présente une disposition très-remarquable (fig. 116. pl. XII). Il se compose d'une gaîne fibreuse (b, e) dans laquelle s'engage la commissure antérieure du pavillon (c). Cette gaîne est formée par le mésentère fibreux de l'oviducte qui se dédouble en quelque sorte et s'enroule sur lui-même de manière à envelopper le cordon du pavillon. Ce cordon est retenu fixé dans sa gaîne par des fibres qui s'y attachent dans toute sa longueur et qui se continuent, d'autre part, avec les fibres propres de la gaîne ; c'est une sorte de petit mésentère (b') qui maintient le cordon. Des plis membraneux disposés transversalement existent sur le cordon dans presque toute sa longueur (d). Les fibres de la gaîne comme celles du cordon sont élastiques et composées de fibrilles deliées (fig. 117) mesurant 0,002 mm., parmi lesquelles se voient de petits corpuscules transparents qui paraissent être des débris de noyaux.

La disposition que nous venons de décrire explique comment le pavillon peut s'étendre suffisamment pour envelopper l'ovaire afin de recevoir les oeufs qui s'en détachent et comment ensuite il revient sur lui-même reprendre sa première position.

La commissure postérieure du pavillon se porte en arrière jusqu'au niveau du troisième tour de l'oviducte ; un gros cordon fibreux et élastique (o. fig. 110) qui part de cette commissure l'attache fortement aux circonvolutions de l'oviducte et se perd en s'irradiant sur la face inférieure de l'utérus. Les fibres de ce gros cordon sont aussi composées de fibrilles entremêlées de granules transparents, comme celles du cordon antérieur.

Les deux lèvres du pavillon sont réclinées en dehors, plissées en manchettes et à bords crénelés (fig. 110 et 111). Les plis sont eux-mêmes composés de plis plus fins qui se présentent sous la forme de stries parallèles dirigées vers le bord libre de chaque lèvre (fig. 120. pl. XII).

Dans la poule No. 2 le pavillon était appliqué contre l'ovaire; ses bords étaient plus profondément découpés (*a*. fig. 113. *A*. pl. XI), ses plis plus serrés et plus élevés et sa muqueuse plus épaisse. Cette dernière était recouverte d'un épithélium vibratile composé de cellules cylindriques de 0,015 sur 0,006 mm. de largeur; les cils vibratiles avaient à peine 0,004 (fig. 121. pl. XII). Vues de face ces cellules étaient arrondies, régulièrement disposées les unes à côté des autres et elles renfermaient un contenu granuleux. Les cils m'ont semblé être groupés par petits faisceaux et non pas rangés comme à l'ordinaire le long du bord libre de chaque cellule.

L'oviducte, qui fait suite au pavillon est retenu par un mésentère particulier (fig. 111. pl. XI) qui s'attache sur toute la longueur de son bord dorsal et le maintient fixé contre la colonne vertébrale, a gauche de l'aorte. C'est dans l'épaisseur de ce mésentère fibreux et fortement plissé en travers que serpentent les vaisseaux très-sinueux de l'oviducte; ceux-ci s'anastomosent pour former des réseaux à larges mailles qui recouvrent le tube dans toute son étendue.

Un autre mésentère qui occupe la face inférieure de l'oviducte part de l'angle postérieur du pavillon, s'attache à tous les tours de l'oviducte et se termine en un gros cordon fibreux dont nous avons déjà parlé. Ce mésentère inférieur est très-élastique, il sert plus particulièrement à retenir les unes contre les autres les circonvolutions de l'oviducte et à lui donner une disposition intestiniforme, en même temps qu'il lui permet de se développer pour transmettre les oeufs à leur destination.

L'intérieur de l'oviducte varie d'aspect suivant le degré d'activité de l'ovaire (fig. 112 et 113. pl. XI). Ce tube peut être considéré comme composé de quatre parties: une première très-courte, une seconde beaucoup plus longue (l'oviducte proprement dit), une troisième (l'utérus), et une quatrième qu'on a nommée improprement vagin et que nous aimons mieux comparer au col utérin des mammifères.

La 1ère portion est un tube très-court, évasé à son origine, a parois minces et dont la muqueuse ne formait, dans la poule No. 1, que des stries longitudinales peu marquées (b. fig. 112). Dans la poule No. 2 au contraire, cette première portion (b. fig. 113 A) se distinguait nettement de la suivante par son étroitesse et par le peu d'épaisseur relative de ses parois; cette portion était droite et sa muqueuse formait des plis longitudinaux plus prononcés.

La seconde portion se distingue de la première parcequ'elle est plus large, à parois plus épaisses et parcequ'elle est repliée sur elle-même. Cette différence n'est pas très-sensible dans la poule No. 1; cependant la muqueuse y forme des plis longitudinaux et obliques, gros, élevés, découpés de distance en distance (d. fig. 112 et fig. 115. pl. XII). Mais c'est surtout dans la poule No. 2 (dd' fig. 113) qu'on peut apprécier la nature de cette portion de l'oviducte. Ses parois avaient 4 à 5 millimètres d'épaisseur; les plis de la muqueuse très-gros, très-épais, étaient divisés en lobes par de profondes crénelures et remarquables par leur couleur blanc de lait. Ces lobes faisaient saillie à travers les parois de l'oviducte et lui donnaient extérieurement un aspect bosselé. Sur une pièce qui avait séjourné quelque temps dans l'esprit de vin, les saillies de la muqueuse remplissaient pour ainsi dire la cavité de l'oviducte (fig. 114 pl. XII) et cette partie était devenue tellement cassante par l'effet de la coagulation du contenu de la muqueuse, qu'il était impossible de développer l'oviducte sans le déchirer.

Si l'on étudie la disposition de la muqueuse sur des coupes longitudinales et transversales on voit qu'elle décrit de nombreuses sinuosités entre lesquelles pénètrent des membranes très-déliées qui se détachent de la base des plis. Ces membranes très-riches en vaisseaux, servent, pour ainsi dire, de support à la muqueuse et constituent la tunique nerveuse des auteurs.

Les lobes de la muqueuse sont composés d'une masse compacte d'apparence granuleuse divisée en une multitude de petits paquets arrondis, du diamètre de 0,05 à 0,07 mm. Ces paquets vus d'en haut sous un grossissement de 400 diamètres semblent formés par l'agglomération de petites vésicules transparentes (fig. 122. pl. XII), mais qui ne sont peut-être que les orifices de cryptes ou d'utricules sécréteurs.

Il n'y a pas de véritable valvule entre la première et la deuxième portion de l'oviducte, mais les gros plis de celle-ci forment à leur origine une sorte de bourrelet qui sépare nettement ces deux portions (c. fig. 112 et 113).

Il résulte de ce qui précède que la deuxième partie de l'oviducte constitue un tube sécréteur dont le produit doit être abondant; c'est en effet dans cette partie que l'oeuf de l'oiseau s'enveloppe de sa couche albumineuse.

La deuxième portion de l'oviducte se confond insensiblement avec la troisième; les plis deviennent moins élevés, plus minces, et s'arrêtent autour d'une ligne circulaire qui résulte de la différence entre les deux muqueuses (e. fig. 112 et 113). L'oviducte se rétrécit en cet endroit et forme un boyau cylindrique, beaucoup plus étroit que la portion précédente (f), qui se renfle de nouveau à quelque distance du cloaque pour constituer la poche utérine. La muqueuse de ce boyau intermédiaire forme des plis longitudinaux parallèles, continus, sans crénelures, ce qui les distingue très-bien, surtout dans la poule No. 2 (f. fig. 113) des plis de la portion précédente. Au bout d'un court trajet les plis de la muqueuse s'élèvent insensiblement et se divisent de nouveau en lobes lamelleux plus minces que ceux de la deuxième portion et d'une couleur jaunâtre. A quelque distance de la matrice, ces lobes, d'abord allongés, se raccourcissent de plus en plus, en même temps qu'ils s'élèvent et se changent ainsi insensiblement en papilles lamelleuses. C'est surtout dans la poule No. 2 qu'on peut suivre ce passage des plis de la portion rétrécie aux papilles de l'utérus (fig. 113 C).

Si l'aspect de la muqueuse de cette partie de l'oviducte est tout autre que pour la 2e portion, sa structure au contraire ne paraît pas offrir de différence appréciable. Ce sont toujours des amas de petites vésicules réunies par groupes qui la constituent essentiellement. J'ai étudié cette muqueuse en pratiquant des coupes très-minces suivant l'épaisseur des plis, suivant leur longueur et suivant leur largeur; dans toutes ces coupes j'ai trouvé la muqueuse composée de corpuscules globuleux de 0,002 à 0,003 mm., remplis de granulations élémentaires.

Je regarde cette troisième partie (*g*) de l'oviducte comme faisant corps avec la suivante et comme destinée à concourir à son développement, lorsque celle-ci est distendue par l'oeuf. La très-courte portion (*f*) pourvue de plis simples forme une sorte de rétrécissement pylorique qui sépare l'oviducte sécréteur de l'oviducte incubateur.

Ce dernier (*h*), désigné communément sous le nom d'utérus, est un renflement ovoïde plus ou moins plissé sur lui-même en travers et hérissé intérieurement de longues papilles lamelleuses, comprimées, à large base, arrondies à leur extrémité (fig. 123. pl. XII). Aucune valvule ne sépare ce renflement du boyau qui le précède et nous venons de voir qu'il en est évidemment une continuation.

Les papilles sont composées d'amas de vésicules glanduleuses analogues à celles que nous avons mentionnées plus haut; elles sont recouvertes d'un épithélium réticulé dont les cellules remplies de granulations (fig. 124) mesurent 0,007 à 0,008 mm. Dans la poule No. 2 j'ai trouvé une grande quantité de concrétions calcaires déposées entre les papilles.

L'utérus s'ouvre dans le cloaque par un tube étroit et court, garni de plis longitudinaux très-saillantes, gros et unis (*i*. fig. 112); ces plis se réunissent en arrière pour former un gros bourrelet saillant autour de l'orifice cloacal.

La tunique externe de l'oviducte est composée de fibres longitudinales (fig. 119. pl. XII) mesurant au plus 0,002 mm. et de fibres transversales internes peu distinctes. Ces fibres ont le même aspect que celles dont nous avons déjà parlé plusieurs fois et qui caractérisent le tissu musculaire organique.

Voici maintenant quelles étaient les dimensions comparatives des diverses portions de l'oviducte dans les deux poules qui ont servi à nos descriptions.

	Poule No. 1.	Poule Nr. 2.
Longueur de la 1ère portion (tube d'entrée)	0,020 m.	0,075 m.
– de la 2e portion (oviducte sécréteur)	0,080	0,240
– du rétrécissement	0,010	0,023
– du boyau de communication (1ère partie de l'utérus)	0,040	0,065
– de l'utérus	0,025	0,040
– du tube excréteur (vagin des auteurs)	0,020	0,035
Longueur totale	0,195 m.	0,478 m.
Largeur de la 1ère portion	0,009 m.	0,013 m.
– de la 2e portion	0,009	0,018
– du rétrécissement	0,006	0,008
– de la matrice	0,020	0,030
– du vagin	0,010	0,010

Ainsi, en résumé, l'oviducte de la poule ne se compose réellement que de deux parties essentielles: l'oviducte que nous appellerons sécréteur, dans lequel se forme l'albumen, et l'utérus ou oviducte incubateur (Duvernoy) *) dans lesquel l'oeuf séjourne et s'entoure de substance calcaire.

---

*) Leçons, Tom. VIII. p. 26.

L'oviducte du côté droit n'existe, comme on sait, qu'en rudiment. Dans la poule que j'ai désignée sous le No. 1, il avait 18 millim. de longueur sur 2 millim. seulement de largeur. Sa forme était celle d'un cordon mince, renflé à son extrémité en une sorte de petit kyste oviforme. Il s'insérait dans le cloaque, au côté droit du rectum, au dessous et un peu en dehors de l'uretère correspondant, vis-à-vis de l'oviducte gauche.

Sur une poule très-féconde qui pondait encore, au mois de novembre, plusieurs oeufs par semaine, j'ai trouvé un oviducte droit très-développé (fig. 115. pl. XII), replié sur lui-même et muni d'un mésentère propre et d'un cordon élastique comme celui du côté opposé. Le pavillon (g) était rudimentaire, membraneux, sans plis gaufrés; mais l'oviducte sécréteur était surtout remarquable par son développement et par ses bosselures extérieures (i) provenant des saillies des plis glanduleux de la muqueuse. Le dernier renflement, l'utérus, n'existait pas. On voyait seulement le boyau rétréci (k) pénétrer dans le cloaque au niveau de l'embouchure de l'oviducte gauche.

L'ovaire était impair, très-développé et muni de plusieurs lobes graisseux pédiculés (bb); je n'ai pas vu que cet ovaire fût partagé en deux moitiés [*]).

---

[*]) M. R. Wagner regarde comme un fait très-rare la présence du deuxième oviducte chez les oiseaux en général (Beiträge zur Anatomie der Vögel, in baierisch. Abhandl. 1837, p. 273 et s.). Nous l'avons souvent trouvé à l'état rudimentaire, mais jamais nous ne l'avons rencontré aussi développé que celui dont nous donnons la figure. Cependant M. Geoffroy St. Hilaire a vu sur une poule de 3 ans, un oviducte droit qui avait 10 pouces de longueur (Sur la terminaison du canal intest. chez les oiseaux, dans le Bulletin philom. 1822, p. 71).

On sait que la duplicité des organes génitaux des femelles se retrouve dans l'embryon. La duplicité de l'ovaire, chez l'adulte, est assez fréquente, surtout dans plusieurs espèces d'oiseaux de proie, d'après M. Wagner. Il est assez remarquable que, dans le fait que je viens de rapporter, cette duplicité ait existé, à un aussi haut degré, pour l'oviducte, sans avoir été partagée par l'ovaire.

Article III.

Des oviductes du lézard.

Pl. XIII.

Dans le lézard des souches les oviductes sont situés en dehors des ovaires et au dessus d'eux. Ils commencent par un entonnoir membraneux à parois très-minces (*f.* fig. 125) allongé en forme de boutonnière. Cet entonnoir est retenu par un repli du péritoine qui s'attache le long de son bord dorsal (*y.* fig. 126) et par un court ligament élastique qui tire en avant sa commissure antérieure et va se fixer sur les côtés de la cavité viscérale, en dehors et à peu près au niveau du tiers postérieur de chaque poumon. Sa commissure postérieure donne attache à un cordon ligamenteux (x) qui se fixe lui-même le long du bord externe ou inférieur de l'oviducte et vient se perdre sur les côtés du cloaque. L'entonnoir, véritable pavillon de l'oviducte, est donc fixé par ses deux commissures, libre et flottant dans le reste de son étendue. Il présente intérieurement des plis parallèles au bord de chaque lèvre et de plus en plus serrés à mesure qu'on approche de l'ouverture de l'oviducte située au fond de la cavité. Le contour des lèvres de ce pavillon est garni d'un rebord très-étroit, régulier, plissé et crénelé (*d.* fig. 128. pl. XIII), n'ayant pas plus d'un demi-millimètre à un millimètre de largeur, un peu plus large en avant et en arrière que dans sa partie moyenne. Ce rebord présente au microscope des plis dirigés en travers (fig. 129 et 130) et dont l'épaisseur varie entre 0,05 et 0,10 mm. Des fibres très-apparentes, de nature élastique et assez épaisses (*b.* fig. 129) règnent le long de cette bordure plissée; elles permettent au pavillon de se développer suffisamment en longueur pour embrasser l'ovaire. D'autres fibres de même nature, mais plus fines et disposées en travers lui permettent de s'élargir dans le même but. Ces deux couches de fibres, en raison de leur élasticité, concourent à maintenir exactement toutes les parties du pavillon collées contre la paroi correspondante de l'ovaire.

L'intérieur du pavillon est tapissé par une muqueuse recouverte d'un épithélium réticulé dont les cellules sont à peine visibles à cause de leur transparence. Les plis de la bordure marginale sont couverts d'un épithélium vibratile.

L'oviducte, qui fait suite au pavillon, est un long boyau aplati, plissé sur lui-même dans toute sa longueur (*g.* fig. 125, 126, 127). Ses plis sont plus ou moins gros, régulièrement disposés en travers et comme gaufrés. Dans cet état de plissement, l'oviducte dépasse à peine le niveau de l'ovaire correspondant (fig. 125); mais quand on l'étend, après avoir coupé les cordons qui le brident, il acquiert une longueur triple de sa longueur primitive (fig. 127). L'oviducte doit cette disposition à son mésentère propre et au cordon élastique dont nous avons déjà parlé. Le mésentère, formé par le péritoine, s'attache le long de son bord interne et se porte aussi à l'ovaire correspondant qu'il retient ainsi rapproché de son canal excréteur. C'est dans l'épaisseur de ce mésentère commun que rampent les vaisseaux communs à l'ovaire et à l'oviducte (fig. 126). Il renferme des fibres longitudinales de même nature que celles du pavillon, qui lui permettent de revenir sur lui-même quand il a été distendu. Ce mésentère concourt donc à tenir rapprochés les uns des autres les plis de l'oviducte, mais ce plissement est dû, en outre, au cordon élastique extérieur qui part de l'angle postérieur du pavillon, s'attache à l'oviducte dans toute son étendue par une membrane intermédiaire et vient se perdre, comme nous l'avons dit, sur les parois du cloaque; ce cordon rappelle celui que nous avons décrit dans la poule. Chez le lézard, le ligament dont nous parlons est composé de faisceaux longitudinaux d'un aspect brillant, argenté, formés de fibres droites, très-déliées, de **0,003** mm. de diamètre, parsemées de petits corpuscules transparents, irréguliers qui sont sans doute des débris de noyaux (fig. 131).

L'oviducte se compose évidemment de deux parties: une première antérieure (*b.* fig. 127) très-courte, fait suite au pavillon; on peut la regarder comme l'analogue de la trompe de fallope. Ses parois sont plus minces que celles de la portion suivante; sa muqueuse forme des plis longitudinaux distincts mais peu saillants, parallèles, disposés à des intervalles réguliers; ils sont interrompus, de distance en distance, par des lignes transversales saillantes qui correspondent au plissement extérieur de l'oviducte (fig. 132). Ces plis longitudinaux sont parcourus par un vaisseau délié dont les ramifications s'anastomosent entre elles pour former le réseau vasculaire de la muqueuse. La muqueuse elle-même est composée d'amas glanduleux, comme la muqueuse du reste de l'oviducte; l'épithélium qui recouvre ces amas glanduleux forme des cordons longitudinaux qui parcourent le sommet des plis et s'unissent les uns aux autres par des cordons plus déliés, obliques ou transverses: c'est une disposition analogue à celle que nous verrons dans les grenouilles.

Les plis longitudinaux de la muqueuse cessent au niveau du rétrécissement qui sépare la première portion de la seconde. On voit, dans cet endroit, quelques gros plis transverses assez rapprochés, mais qui ne constituent pas de valvule proprement dite.

Au delà du rétrécissement (b' fig. 127) les parois de l'oviducte deviennent plus épaisses et la muqueuse change d'aspect. Elle est unie, veloutée, et se compose d'éléments glanduleux microscopiques groupés par amas assez réguliers de 0,05 à 0,07 mm. de diamètre (fig. 133). De petits lambeaux de cette muqueuse vus de face, ainsi que les représente notre figure, ressemblent parfaitement à la muqueuse gastrique de plusieurs mammifères telle que l'a décrite et figurée M. Bischoff [*]; je n'ai pu voir cette muqueuse de profil, à cause de sa minceur, mais je ne doute pas que ces apparences de granulations ne soient en réalité que les orifices d'utricules sécréteurs, ou tout au moins de cryptes [**]; le diamètre de ces orifices mesurait 0,006 à 0,007 mm.

---

[*] Ueber den Bau der Magenschleimhaut (Müller's Archiv 1838, p. 503 et s.), tab. XIV. fig. 9 (muqueuse de l'estomac du chien) et surtout tab. XV. fig. 31 (estomac de grenouille).

[**] L'auteur dit, en parlant de l'estomac des amphibies: „Die Magenschleimhaut hat eine so geringe Dicke, dass hier kaum mehr von nebeneinander stehenden Cylindern oder Säckchen

A quelque distance de sa terminaison, la muqueuse de l'oviducte forme de nouveau des plis longitudinaux très-saillants, lamelleux, assez écartés les uns des autres (fig. 135). Ces plis viennent aboutir à un cordon transversal (c) qui forme le rebord de l'orifice cloacal de l'oviducte.

Enfin l'oviducte, dans toute sa longueur, est entouré d'une enveloppe musculeuse composée de deux couches de fibres, les unes extérieures transversales, les autres longitudinales, intérieures, ayant environ 0,002 mm. d'épaisseur et formant un treillis très-serré (fig. 134); les fibres de la couche interne sont un peu plus grosses que celles de la couche externe.

Arrivé près du cloaque l'oviducte s'applique contre la face inférieure du rein correspondant, diminue un peu de diamètre et pénètre dans la chambre supérieure du cloaque, au dessous et en dedans de l'ampoule qui se voit de chaque côté de cette poche (l. fig. 169. pl. XVI).

Bornons-nous à constater maintenant, pour y revenir plus tard, 1) la forme, la disposition et la composition du pavillon de l'oviducte; 2) la division de l'oviducte en deux ou même en trois parties: le tube d'entrée, l'oviducte proprement dit et le tube de sortie, la première et la dernière partie caractérisées par leurs plis longitudinaux; 3) la structure musculeuse et glanduleuse de l'oviducte; 4) la disposition et la structure du mésentère fibro-vasculaire et du cordon élastique qui retiennent les uns contre les autres les plis de l'oviducte. Tous ces arrangements présentent les plus grandes analogies avec ce que nous avons vu dans la poule.

Article IV.
Des oviductes de la grenouille.
Pl. XIV.

Les oviductes de grenouilles sont deux tubes très-longs, contournés sur eux-mêmes un grand nombre de fois en forme d'intestins, et consti-

---

die Rede sein kann, sondern nur einfache Crypten sehr dicht gedrängt nebeneinander stehen" (ibid. p. 521). — (Note ajoutée.)

tuant, de chaque côté de la cavité viscérale, une masse considérable plus ou moins volumineuse suivant l'époque de l'année (fig. 136). Depuis la fin de l'automne jusqu'au printemps, les parois de ces tubes sont épaisses, turgescentes, cassantes; elles sont au contraire minces et flasques en été. Les nombreuses circonvolutions de ces oviductes sont retenues serrées les unes contre les autres par un mésentère membraneux très-mince et cependant assez résistant.

Chaque oviducte commence en avant, sur les parties latérales des poumons et du coeur, par une portion grêle et droite qui ne présente jamais la turgescence de la portion enroulée (d. fig. 137). Celui du côté gauche présente un orifice circulaire qui se voit entre le coeur et le lobe gauche du foie; les bords de l'orifice se continuent en une membrane qui s'attache à tout le bord antérieur de ce lobe hépatique et en forme le ligament suspenseur. L'oviducte droit se porte un peu moins en avant; il commence au niveau de l'angle externe et antérieur du lobe droit du foie (e. fig. 137); le contour de son orifice se continue aussi en une membrane qui sert à retenir et à fixer ce lobe. Une distance qui équivaut environ au tiers de la largeur de l'animal sépare ces deux orifices; c'est dans cet intervalle qu'est logé le coeur avec son péricarde et la veine cave du côté droit.

Ainsi les deux orifices des oviductes sont dépourvus de pavillon; ils sont très-peu dilatables et dirigés en avant et en dedans.

De leurs points d'attache les deux tubes d'origine descendent en dehors en contournant le poumon, puis se portent directement en arrière, adossés contre l'espèce de diaphragme qui se voit derrière le coeur. Leur trajet est de 15 à 20 millim.

Arrivé au niveau de l'origine de l'estomac, l'oviducte commence à former des replis ondulés, sinueux, très-rapprochés, en un mot à s'enrouler sur lui-même pour former les masses latérales dont nous avons parlé. Le mésentère qui retient les nombreuses circonvolutions de ce tube est composé de deux lames entre lesquelles cheminent les vaisseaux sanguins qui se distribuent à sa surface. Le péritoine se continue ensuite en dedans vers la ligne médiane du corps, pour se porter à l'estomac en avant et pour se diriger vers l'ovaire correspondant, en passant par dessous les reins. Le mésentère de l'oviducte sert donc à le fixer contre l'estomac d'une part, et, plus en arrière, contre le bord externe de chaque rein.

Parvenu au niveau du tiers postérieur des reins, l'oviducte se change en une poche allongée, plissée, très-spacieuse, à parois minces, désignée ordinairement sous le nom d'utérus (e. fig. 136 et fig. 193. pl. XIX). Les deux poches s'adossent l'une à l'autre, au dessus du rectum, adhèrent intimement entre elles et sont retenues contre les tours de l'oviducte par des prolongements du péritoine. Elles percent ensemble les parois du rectum et vont s'ouvrir, chacune par un orifice séparé, au sommet d'une papille médiane (b. fig. 186. pl. XVIII) située à la paroi supérieure du rectum et sur laquelle nous reviendrons en traitant du cloaque *).

La longueur d'un oviducte déroulé avait environ 10 fois celle du corps. Sur une grenouille qui mesurait 0,085 m. de la tête à l'anus, j'ai trouvé l'oviducte long de 0,80 m. Son diamètre, sur des grenouilles prises en été, était de 2 à 3 millimètre; il atteignait 6 mill. sur des grenouilles du printemps et de l'automne.

Structure de l'oviducte. — La première portion de l'oviducte est, comme nous l'avons dit, toujours droite. Elle se distingue en outre de l'oviducte proprement dit par son aspect et par sa structure. Ses parois toujours minces n'ont pas la couleur d'un blanc laiteux qui caractérise l'oviducte, et sa muqueuse forme des plis longitudinaux d'abord peu

---

*) Chez un jeune crapaud femelle dont les organes génitaux étaient encore peu développés, l'oviducte avec ses circonvolutions était collé contre le bord externe de chaque rein, de manière à ressembler aux canaux déférents des mâles des tritons et des salamandres. L'intérieur de cet oviducte était rempli d'une sorte de glaire composée d'une multitude de petites sphères granuleuses assez semblables à des globules de mucus.

apparents (*a.* fig. 138. pl. XIV), mais qui deviennent bientôt trés-saillants (*b*) et se voient déjà à travers les parois du tube. Arrivés à l'entrée de l'oviducte proprement dit, ces plis longitudinaux se perdent insensiblement en se terminant par des fils déliés qui vont se confondre avec les cordons du réseau de la portion suivante.

La muqueuse de ce tube d'origine est couverte d'une épithélium qui m'a paru stratifié. Au dessous on aperçoit un tissu éminemment vasculaire, parcouru par des vaisseaux qui forment des réseaux à mailles étroites. La tunique extérieure du tube est composée de fibres longitudinales très-grêles et analogues aux fibrilles du tissu cellulaire.

La seconde portion de l'oviducte, ou oviducte proprement dit, est remarquable par sa couleur blanc de lait, par l'épaisseur de ses parois et par les mucosités filantes dont il est toujours rempli.

La structure de ce tube est assez difficile à étudier, à cause de la transparence des éléments qui le composent. On réussit assez bien à lui donner un peu plus de consistance en le plongeant dans de l'acide chromique étendu; on peut alors pratiquer plus facilement des coupes assez minces pour les étudier par transparence.

L'intérieur de l'oviducte, dans toute son étendue, est garni de plis longitudinaux très-apparents, ondulés, parcequ'ils suivent les circonvolutions du tube, d'un blanc mat qui tranche nettement sur le blanc opalin du reste de l'oviducte (fig. 139). Ces grands cordons longitudinaux sont unis entre eux par de petits cordons transverses (fig. 140) beaucoup plus grêles et de la même couleur, ce qui donne à la surface interne de l'oviducte l'aspect d'un réseau à mailles inégales. Vus à un grossissement de 400 diamètres, ces cordons paraissent formés de cellules imbriquées, disposées sur plusieurs couches suivant l'épaisseur du cordon.

Si l'on examine une tranche longitudinale coupée suivant l'épaisseur des parois du tube (fig. 141), parallèlement à l'axe de ce tube, on voit que cette tranche est composée de lamelles rectangulaires ou à peu près elliptiques (*a*), longues de 0,6 mm. sur une largeur de 0,17 mm., lamelles qui viennent toutes aboutir au réseau d'épithélium que nous venons de décrire. Ces lamelles se composent elles-mêmes de cellules polygonales dont le diamètre moyen est de 0,05 mm. et qui renferment un noyau granuleux mesurant 0,006 mm. (fig. 142).

Dans une coupe circulaire intéressant toute l'épaisseur de l'oviducte, on retrouve les lamelles elliptiques dont il vient d'être question et l'on voit qu'elles sont rangées perpendiculairement à l'axe du tube (fig. 143).

Si l'on fait ensuite des coupes horizontales parallèles à la surface de la muqueuse et par conséquent perpendiculaires à la direction des lamelles précédentes, les tranches très-minces que l'on obtient sont formées par une agrégation d'hexagones assez réguliers (fig. 144); les côtés de ces hexagones correspondent aux cordons des mailles du réseau superficiel et paraissent être des prolongements de ces cordons destinés à relier entre elles les lamelles glanduleuses. L'intérieur de ces hexagones est marqué de stries (b) qui partent du cordon périphérique et viennent toutes converger vers le centre de la maille, mais sans se réunir, en sorte qu'il reste au centre de l'hexagone une petite ouverture circulaire (c). Si l'on se représente la position des lamelles elliptiques, on comprendra que les stries dont nous parlons ne sont autre chose que les coupes horizontales de ces lamelles.

L'étude de ces différentes coupes nous fait voir que l'oviducte des grenouilles paraît composé de lamelles glanduleuses situées entre sa membrane externe et sa membrane interne, perpendiculairement à ces deux membranes; et que ces lamelles s'appuient contre des cordons disposés en réseau à la surface interne du tube et dans son épaisseur. On peut se représenter cette singulière disposition en se figurant les parois de l'oviducte divisées, suivant leur épaisseur, en prismes creux dont les bases seraient appuyées sur les surfaces interne et externe du tube et dont l'intérieur serait rempli par des lamelles rapprochées les unes des autres autour des parois du prisme, comme les feuillets d'un livre, mais de manière à laisser un tube central vide au milieu de chaque prisme.

Cette structure me paraît expliquer la propriété que possède l'oviducte de se gonfler quand il est plongé dans l'eau ou dans l'alcool. Les nombreuses cellules dont chaque lamelle se compose absorbent alors le liquide par endosmose, au point que l'oviducte finit par éclater et par se déchirer dans tous les sens. C'est probablement aussi à cette structure qu'il faut attribuer la sécrétion abondante de mucosités dont l'oviducte est le siège.

La paroi extérieure de l'oviducte paraît fibreuse, mais les fibres qui la composent sont très-fines, difficiles à observer et semblent souvent même provenir d'un plissement de la membrane. Il est très-difficile de se faire une idée nette de cette structure, au point que je serais assez porté à regarder cette tunique externe comme amorphe. Il n'en est pas de même de la tunique externe de la première portion de l'oviducte; celle-ci est certainement fibreuse, comme je l'ai dit plus haut.

Un peu avant de s'ouvrir dans l'utérus, l'oviducte se rétrécit de nouveau pendant un court trajet (d. fig. 136. pl. XIV et fig. 193. pl. XIX). Son orifice dans l'utérus est muni d'une valvule circulaire (fig. 145 et 146 pl. XIV), sorte de bourrelet dont la muqueuse forment des plis rayonnants qui vont se perdre dans la muqueuse utérine. Ce bourrelet se compose d'un nombre considérable de papilles arrondies, peu saillantes, serrées les unes contre les autres et portées sur un pédicule (fig. 147 et 148). Elles mesurent 0,45 mm. de longueur sur 0,10 mm. de largeur et sont elles-mêmes formées de cellules polygonales (fig. 149) renfermant un noyau granuleux et semblables aux cellules des lamelles de l'oviducte, mais plus petits qu'elles, puisque leur diamètre n'est que de 0,02 à 0,03 mm.

L'utérus ou oviducte incubateur des grenouilles (fig. 136. pl. XIV, fig. 193 et 194. pl. XIX) est une grande poche ovalaire, à parois très-extensibles, rétrécie et fusiforme en arrière, froncée en avant autour de l'extrémité de l'oviducte et présentant suivant sa longueur des plis plus ou moins nombreux suivant son état de développement. Ses parois sont très-minces; elles se composent d'une membrane extérieure péritonéale, d'une tunique musculeuse moyenne formée de faisceaux longitudinaux plus ou moins épais suivant l'état de distension de l'organe, et d'une muqueuse veloutée présentant des plis longitudinaux d'autant plus serrés qu'ils sont plus rapprochés de la terminaison de la poche. Ces plis deviennent très-saillants dans la partie rétrécie de l'utérus qui s'engage entre les fibres du rectum et dans l'épaisseur de la papille terminale. Ici, en effet, les plis de la muqueuse sont des lames saillantes membraneuses, très-minces, parallèles (*a.* fig. 188. pl. XVIII); entre ces lames se voit un réseau à mailles polygonales assez larges, formé par l'épithélium (fig. 190). Dans l'épaisseur de la muqueuse, on trouve des corpuscules glanduleux d'une structure particulière. Ce sont de petits corps transparents, ovoïdes ou réniformes (fig. 189) disposés en séries entre les lamelles saillantes; ils sont composés d'une capsule enveloppante, mince, transparente, à contour bien prononcé et d'un contenu celluleux formé par une multitude de cellules pourvues d'un noyau granuleux. Ces corps réniformes avaient 0,15 mm. de longueur, sur 0,10 mm. de largeur; les cellules incluses étaient très-inégales; les plus grandes mesuraient 0,025 mm. de longueur sur 0,0125 mm. de largeur.

Ces organes me paraissent être des glandes élémentaires appartenant au groupe des follicules, et destinées à lubréfier les parois du tube qui termine l'utérus. Ce tube très-étroit doit pouvoir s'élargir considérablement pour donner issue à la masse des oeufs qui s'accumulent dans la poche utérine; aussi ses parois sont-elles épaisses et plissées intérieurement. Ces lames et ces plis s'effacent et donnent alors à ce tube excréteur, qu'on peut très-bien, avec sa papille terminale, comparer au col utérin des animaux supérieurs, un diamètre 5 ou 6 fois plus grand que celui qu'il avait primitivement.

Article V.

Des oviductes du brochet.

Pl. XX.

Les oviductes, dans les poissons osseux, perdent leur caractère de conduits excréteurs indépendants des glandes sécrétoires. Quand l'ovaire est creux, comme cela arrive le plus souvent, l'oviducte se confond avec la cavité ovarienne et n'existe, comme tube excréteur proprement dit, que dans un très-court trajet, avant leur terminaison.

Dans le brochet, par exemple, les oviductes ne sont autre chose que la continuation du sac ovarien (b' fig. 205). Ils sont courts et larges, fortement plissés suivant leur longueur et se réunissent au niveau du coude que forme le rectum (fig. 206), à la même hauteur que les canaux déférents du mâle. L'oviducte du côté gauche n'avait que 10 millim. de longueur; celui du côté droit en avait 13, ce qui provient de ce que l'ovaire droit ne se porte pas autant en arrière que le gauche.

Les plis que présentent ces deux tubes sont très-rapprochés, lisses, et commencent déjà dans la paroi dorsale du sac ovarien, à un ou deux centimètres avant la fin de ce sac.

Il résulte de la réunion des deux oviductes un large canal de 12 millim. de longueur, situé au dessus du rectum (e. fig. 206), entre cet intestin et l'uretère commun. Le canal se rétrécit peu à peu en arrière; ses plis diminuent et finissent par disparaître; enfin il s'ouvre au dehors, comme le canal déférent du mâle, dans la fossette du pore génital, derrière le rectum et au devant de l'orifice destiné à la sortie des urines.

L'oviducte est composé d'une tunique fibreuse formée de fibrilles analogues à celles des autres tissus fibreux que nous avons décrits (fig. 207). Ces fibrilles mesuraient 0,0013 à 0,0015 mm. La muqueuse qui tapisse cette tunique fibreuse ne m'a rien offert de particulier.

Article VI.

Résumé comparatif.

Les canaux qui servent à transporter au dehors les produits de la génération, chez les femelles des animaux vertébrés, ne sont pas seulement de simples organes de transmission; ils sont aussi appelés à imprimer à l'oeuf fécondé des modifications particulières; ils lui fournissent des éléments nutritifs nécessaires à son développement; ils doivent donc être aussi sécréteurs et présenter, dans leur disposition et dans leur structure, le double caractère d'organes conducteurs et d'organes de sécrétion. Mais cette analogie de fonction n'est pas la seule qu'ils présentent. En passant en revue les faits que nous avons exposés dans nos descriptions, et en y joignant quelques autres faits déjà acquis à la science et relatifs à l'anatomie de plusieurs groupes transitoires, nous verrons que les organes de la sphère conductrice présentent, dans les animaux vertébrés, des analogies nombreuses, sous le rapport de leur existence, de leur forme, de leurs connexions, de leur symmétrie, de leur composition et de leur structure, analogies qui montrent l'unité du plan qui a présidé à la formation de ces organes.

1) Existence. — Quand on compare entre eux les différents appareils du corps animal, dans une série quelconque, il n'est pas nécessaire, pour établir une analogie, de retrouver le même appareil sur tous les points de la série. On sait qu'un même organe, étudié dans différents groupes, se dégrade, c'est à dire se présente avec des caractères de développement et d'indépendance de moins en moins prononcés. Mais si tel organe qui existe dans certaines classes d'animaux avec tout le développement dont il est susceptible, ne se rencontre dans d'autres classes qu'à l'état rudimentaire, l'analogie n'en sera pas moins suffisamment établie; et cette analogie subsistera encore quand même l'organe viendrait à manquer tout-à-fait dans certains groupes secondaires, pourvu qu'on le retrouve dans d'autres groupes appartenant à la même classe. C'est ce qui a lieu

relativement aux organes dont nous avons à faire ressortir l'analogie parmi les vertébrés. Ils existent dans tous les mammifères, dans les oiseaux, les reptiles, les amphibiens; ils manquent en général chez les poissons, ou du moins, ils ne sont plus que la continuation de la cavité des organes sécréteurs; ils manquent même entièrement, comme les canaux conducteurs mâles, chez certains poissons (anguilles, lamproies); mais on les retrouve, avec tous leurs caractères, chez les sélaciens.

2) Forme et connexions. — L'oviducte des vertébrés a toujours la forme d'un tube allongé, replié un certain nombre de fois sur lui-même, ou, pour le moins, flexueux. Un peu avant sa terminaison, il se renfle en une poche plus ou moins spacieuse.

Nous avons vu que les replis de ce tube sont retenus, à la manière des intestins, par un mésentère dans les parois du quel rampent les vaisseaux sanguins. Ce mésentère renferme des fibres dont la nature est difficile à déterminer, mais qui ont, en général beaucoup d'analogie avec les fibres plates ou les filaments musculaires de la vie végétative. Nous avons constaté cette structure fibreuse dans le mésomètre du lapin et dans le mésentère de l'oviducte de la poule et du lézard. Le tube excréteur de ces derniers est en outre pourvu d'un cordon ligamenteux élastique très-robuste qui maintient rapprochés les uns des autres les replis de ce tube. Dans les batraciens le mésentère de l'oviducte est simplement membraneux; il en est de même de celui des poissons.

Ces différences dans la nature des membranes qui fixent les conduits excréteurs sont en rapport avec les fonctions de ces derniers. Les uns changent souvent leurs rapports avec les parties voisines, en s'étendant en longueur pour recevoir de l'ovaire les produits de la conception; leurs mésentères fibreux leur donnent la faculté de subir cette extension et de revenir ensuite sur eux-mêmes. Les autres, au contraire, restent passifs dans cet acte de transmission des oeufs de l'ovaire à l'oviducte (grenouilles, poissons); l'existence d'un mésentère éminemment fibreux ne devenait plus aussi nécessaire.

Les connexions de l'oviducte avec l'ovaire varient suivant les groupes de vertébrés; nous en avons déjà traité en décrivant l'ovaire et nous avons fait voir que c'est dans les mammifères que l'oviducte se rattache le plus étroitement à la glande ovarienne, tandis qu'il s'en sépare de plus en plus dans les oiseaux, les reptiles, les batraciens, pour disparaître ou pour ne plus exister qu'en rudiment dans la plupart des poissons.

3) Nombre et symmétrie. — Les oviductes sont au nombre de deux, un de chaque côté, disposés symmétriquement. Ce dualisme est bien évident chez les sélaciens, parmi les poissons, ainsi que dans les batraciens et dans les reptiles proprements dits. Il se maintient même dans ceux des reptiles chez lesquels la forme allongée du corps a entraîné l'oblitération de l'un des poumons (ophidiens). Dans les mammifères les deux oviductes, ou leurs analogues, existent aussi, mais ils sont plus ou moins confondus, vers leur terminaison, en une poche unique, l'utérus. Cependant on retrouve dans beaucoup de mammifères normaux (monodelphes), la séparation complète des deux tubes excréteurs; plusieurs rongeurs, et en particulier le lapin, en offrent des exemples évidentes; de plus, cette séparation est devenue normale dans tous les marsupiaux (didelphes et monotrèmes). Il ne reste donc que les oiseaux chez lesquels le dualisme des oviductes ne soit pas constant. Mais ce dualisme existe primitivement comme nous l'avons vu exister déjà pour l'ovaire. La présence presque constante d'un oviducte droit rudimentaire est un fait qui démontre le plan général de formation et conséquemment l'analogie qui existe entre les oviductes, même chez les oiseaux, sous le rapport de leur dualisme et de leur symmétrie. Nous rappellerons, à ce sujet, l'exemple curieux, que nous avons eu l'occasion d'observer, d'un oviducte droit presque aussi développé que celui du côté gauche.

4) Composition et structure. — Les canaux conducteurs des ovules se composent de diverses parties en rapport avec le temps plus ou moins long pendant lequel ces ovules doivent séjourner dans leur intérieur. On peut leur reconnaître: *a)* un tube d'entrée qui n'est qu'un

simple organe de transmission; *b)* un tube sécréteur chargé d'entourer l'oeuf d'une matière nutritive particulière ; *c)* un tube incubateur dans lequel les oeufs séjournent plus ou moins long temps, soit pour se revêtir d'une enveloppe protectrice (oiseaux, tortues), soit pour se préparer à leur développement ultérieur (grenouilles), soit pour y subir leurs diverses métamorphoses (utérus des mammifères); enfin *d)* un tube de sortie.

a) Le tube d'entrée est muni d'un pavillon, quand il y a connexion étroite entre l'oviducte et l'ovaire (mammifères, oiseaux, reptiles); il en est dépourvu lorsque l'ovaire et l'origine de l'oviducte sont très-éloignés l'un de l'autre (batraciens). Ce pavillon est une expansion de l'oviducte destinée à s'appliquer contre l'ovaire; il est fortement plissé, afin de pouvoir s'étaler suffisamment, et son mésentère est formé de fibres élastiques ou contractiles qui rendent cette application plus intime.

La structure du pavillon, sous le rapport de ses plis et des fibres de son mésentère, n'offre pas de différences essentielles dans les trois classes d'animaux qui en sont pourvues. Ses plis, très-développés dans le lapin, le sont moins dans la poule et ne sont que rudimentaires dans le lézard. Les faisceaux fibreux du mésentère ont le même aspect microscopique. La portion du tube qui fait suite au pavillon ou qui commence l'oviducte, quand le pavillon n'existe pas, est toujours plissée en long et à parois plus minces que la portion suivante. Nous avons décrit cette disposition dans le lapin (trompe de fallope), dans la poule, le lézard, la grenouille (tube d'entrée ou d'origine). Cette portion n'est le siège d'aucune sécrétion spéciale; elle sert simplement à conduire le produit.

b). Le tube sécréteur, qui fait suite au tube d'origine, constitue l'ovaire proprement dit. Il atteint son plus haut degré de développement, sous le rapport fonctionnel, dans les oiseaux et dans les batraciens anoures. Dans les oiseaux, il se distingue par son épaisseur et par le nombre et l'étendue des plis lobés que forme sa muqueuse; chez les grenouilles, il est surtout remarquable par son énorme développement et par la propriété qu'il a d'absorber promptement les liquides dans lesquels on le plonge. Dans ces deux groupes de vertébrés, l'oviducte sécrète un liquide albumineux très-abondant qui entoure le jaune. Chez le lézard l'oviducte a des parois moins épaisses, mais qui se distinguent très-bien du tube d'entrée par l'absence des plis longitudinaux qui caractérisent ce dernier et par l'aspect différent de sa muqueuse. Dans ces trois groupes d'animaux l'oviducte forme de nombreux replis, circonstance qui ralentit la marche des oeufs et prolonge ainsi la durée d'action du tube sécréteur. Chez les mammifères (le lapin en particulier), le tube d'origine représente à lui seul les deux portions que nous avons décrites dans les ovipares; ce tube est long, flexueux du reste, comme les oviductes ordinaires et plissé longitudinalement dans toute son étendue : c'est la trompe de fallope. Si ce tube n'a pas été divisé en deux parties comme celui des ovipares, nous en trouvons sans doute la raison dans l'absence de sécrétion albumineuse. Je crois donc, je le répète, qu'il faut regarder la trompe de fallope comme l'analogue de l'oviducte proprement dit des vertébrés ovipares (oiseaux, reptiles, grenouilles), sinon sous le rapport fonctionnel, du moins sous le point de vue morphologique. On pourrait dire aussi que l'oviducte sécréteur des ovipares n'existe pas chez les mammifères; il est remplacé, chez eux, par un tube d'origine plus long; mais qui conserve pour caractère son plissement longitudinal.

c) La troisième portion de l'oviducte, quand elle existe, est une poche plus ou moins développée, à parois musculeuses, désignée sous le nom d'utérus. L'extrémité de l'oviducte qui s'ouvre dans cette poche est ordinairement entourée d'un bourrelet valvulaire qui sépare très-nettement les deux cavités (lapin, grenouille). Cependant cette limite peut ne pas être aussi tranchée et quelquefois l'oviducte se change insensiblement en poche utérine, c'est ce qu'on voit dans les oiseaux. Le renflement terminal de l'oviducte manque dans les lézards.

Les utérus des deux côtés peuvent rester séparés l'un de l'autre dans tout leur trajet (lapin et autres rongeurs, didelphes, monotrèmes, grenouilles) ou se réunir en partie, vers leur extrémité terminale, en une poche unique munie de deux prolongements ou cornes (utérus des mammifères en général); ou enfin ils peuvent se concentrer tellement dans les deux sens transversal et longitudinal, qu'ils ne forment plus qu'une seule poche sans cornes, ou avec des cornes très-rudimentaires (utérus des singes, de la femme).

Ces modifications ne sont que des degrés de coalescence ou de perfectionnement; elles n'empêchent pas de considérer l'utérus, même celui des mammifères, comme la continuation du canal excréteur des ovaires et de reconnaître facilement l'analogie que présente cette partie de l'oviducte des vertébrés. En effet, si l'on compare entre eux, par exemple, le canal complet d'un lapin, celui d'un ornithorhynque, celui d'une poule et enfin celui d'une grenouille, on trouvera entre ces organes une ressemblance frappante. Il suffit, pour s'en convaincre, de jeter un coup d'oeil sur nos figures et de leur comparer un très-bon dessin de l'utérus de l'ornithorhynque publié par M. de Blainville, dans le Tome 2 des Nouvelles Annales du Muséum, pl. 12. Nous ne nous arrêterons pas davantage sur cette conformité organique; elle nous paraît assez évidente pour ne pas avoir besoin de plus ample démonstration.

La structure de la portion renflée de l'oviducte varie dans les vertébrés. Quand cette poche est destinée à conserver pendant longtemps le produit de la conception et à se développer avec lui, elle est composée d'un tissu fibreux extrêmement condensé et sa muqueuse est marquée de gros plis (lapin et mammifères en général). Lorsqu'elle est plus particulièrement le siège d'une sécrétion spéciale (matière calcaire de l'oeuf des oiseaux), sa muqueuse est hérisée de grosses papilles. Dans les batraciens, au contraire, chez lesquels l'utérus ne paraît être qu'un réservoir entièrement passif destiné à recevoir les oeufs et le liquide glaireux qui doit les envelopper, nous ne trouvons à la muqueuse de cet organe aucun caractère particulier.

Encore ici, comme toujours, les différences relatives à la structure se lient à des fonctions différentes, mais elles ne doivent pas nous empêcher de reconnaître l'analogie de parties qui se rapprochent sous le point de vue morphologique.

Ajoutons que la muqueuse de l'utérus, comme celle de l'oviducte tout entier, est recouverte d'un épithélium vibratile et que les fibres qui composent l'enveloppe extérieure de ce long tube sont toujours déliées, filiformes et ont beaucoup d'analogie avec celles des autres tissus fibreux.

d) L'oviducte se termine par un tube généralement court et rétréci, caractérisé surtout par ses plis longitudinaux, a bords unis, rapprochés, droits, plis qui expliquent la dilatabilité de ce tube excréteur. Ce tube de sortie, qui porte le nom de museau de tanche dans la matrice des mammifères, a la même composition dans les oiseaux (poule), les reptiles (lézards) et les grenouilles. Nous avons montré ses plis intérieurs dans ces divers animaux, et dans tous, ce tube est considérablement rétréci, relativement au diamètre de la portion précédente.

Nous pouvons donc, sans craindre de forcer l'analogie, regarder la portion terminale de l'oviducte de la grenouille, du lézard et de la poule, comme représentant le col de l'utérus des mammifères.

Nous n'avons rien dit de l'oviducte rudimentaire du brochet, parce-qu'il n'est, en réalité, ainsi que nous l'avons exprimé plus haut, que la continuation de la cavité de l'ovaire. Mais les sélaciens ont, en général, un oviducte très-analogue à celui des oiseaux; ils font donc rentrer les poissons dans la loi commune et les rattachent sous ce rapport, comme sous beaucoup d'autres, aux autres vertébrés ovipares [*].

---

[*] Le lecteur comprendra facilement pourquoi, dans ce résumé comparatif, j'ai plus insisté sur les analogies que sur les différences. Il eût été impossible de grouper ces dernières de manière à ranger les appareils d'après leurs divers degrés de complication organique. Ainsi, par exemple, les canaux conducteurs dont il est question dans ce chapitre sont plus parfaits chez les mammifères sous le rapport de leur coalescence, mais, sous le rapport de leur complication, ils le cèdent à ceux des oiseaux et des batraciens, puisqu'ils n'ont pas l'oviducte sécréteur proprement dit, si développé chez ces ovipares. (Note ajoutée.)

Troisième partie.

De la sphère externe des organes génitaux ou de la sphère copulatrice.

Chapitre cinquième.

De la sphère copulatrice dans les mâles.

Article I.

Des organes d'accouplement du lapin.

Pl. VI et XV.

De l'urèthre. — Nous avons vu les canaux conducteurs du liquide séminal s'ouvrir à l'entrée d'un tube qui n'est autre que la continuation du col de la vessie urinaire et qu'on désigne sous le nom d'urèthre ou de canal de l'urèthre. Ce tube, à parois musculeuses, s'étend depuis le col de la vessie jusqu'à l'extrémité du gland. Il est entouré, à son origine, d'un muscle annulaire assez épais (sphincter vésical) qui embrasse en même temps la base des glandes prostates et s'étend entre ces glandes et celles de cowper (*m.* fig. 72. pl. VI). Derrière ce muscle les parois de l'urèthre commencent à devenir spongieuses, leur intérieur étant parcouru par des vaisseaux sanguins étroitement anastomosés en réseau serré. Ce tissu spongieux règne dans toute l'étendue du canal, sans former de renflement ou de bulbe bien marqué. Arrivé au niveau de la symphyse pubienne, le canal de l'urèthre se porte vers le bas, contourne le bord postérieur de cette symphyse et se place dans la rainure située au dessous des deux corps caverneux de la verge, pour concourir à former cet organe d'accouplement.

L'urèthre, à son origine, est entouré de glandes qui versent dans son intérieur une liqueur particulière destinée à se mêler au liquide séminal: ce sont les prostates et les glandes de cowper.

Les prostates (ll' fig. 72. pl. VI) dans le lapin, sont deux petits groupes de glandes en grappe disposées symmétriquement autour du col de la vessie. Elles correspondent à la partie moyenne de la symphyse pubienne et sont composées de deux portions très-inégales. La supérieure (l) beaucoup plus volumineuse forme deux lobes arrondis, appliqués sur la face dorsale de l'urèthre, rapprochés l'un de l'autre sur la ligne médiane et entourés d'une couche musculeuse très-mince, mais distincte, qui se détache du col vésical pour les recouvrir. Chacun de ces deux corps glanduleux est divisé en un nombre variable de lobules, composés eux-mêmes d'utricules arrondis ou elliptiques disposés en grappe et unis entre eux par un tissu cellulaire assez résistant. Ces utricules s'ouvrent successivement dans des conduits excréteurs qui se réunissent pour former deux ou trois canaux distincts. Ceux-ci percent les parois de l'urèthre et s'ouvrent dans sa cavité, à sa paroi supérieure, sur les côtés du verumontanum (e. fig. 150 et c. fig. 151. pl. XV). Au dessous de ces deux prostates principales et de chaque côté de la vésicule séminale, se voient deux bandelettes allongées, d'inégale grandeur (l' fig. 72. pl. VI), collées l'une contre l'autre et composées des mêmes utricules que les prostates principales. L'une de ces bandelettes, plus petite, a la même couleur que ces dernières; l'autre un peu plus longue et élargie en avant a une teinte plus rougeâtre. Les canaux excréteurs de ces petites glandes accessoires s'ouvrent dans l'urèthre à côté des précédents.

Les glandes de cowper sont situées à quelques millimètres derrière les prostates (n. fig. 172). Elles correspondent à la partie postérieure de la symphyse pubienne et au niveau des muscles ischio-caverneux elles sont appliquées contre la face dorsale de l'urèthre. Ce sont deux corps glanduleux ovalaires, aplatis, rapprochés en arrière, un peu écartés en avant, de manière à laisser entre eux un espace triangulaire occupé par les fibres du sphincter vésical. Ces glandes avaient, dans l'individu que je décris, 7 millim. de longueur sur 5 de largeur en arrière. Elles se divisent, comme les prostates en un nombre variable de lobules et sont composées d'utricules disposés en grappe. Les canaux excréteurs de ces glandes s'ouvrent à la face dorsale de l'urèthre, à 2 ou 3 millim. derrière le sphincter de la vessie (gg' fig. 150. pl. XV).

Les glandes de cowper sont étroitement embrassées par un muscle aplati provenant du grand muscle annulaire uréthro-rectal (l'analogue du constricteur de l'urèthre et du bulbo-caverneux). Les fibres de ce muscle contournent la base de chaque glande (p. fig. 72. pl. VI) et se réunissent le long de son bord externe en une bandelette musculeuse étroite, aussi longue que la glande elle-même. Cette bandelette (o) se dirige vers la prostate correspondante; ses fibres se confondent avec celles qui recouvrent cette dernière glande et se jettent ensuite avec elles dans le sphincter vésical. Les utricules des glandes de cowper, de même que ceux de la prostate, se trouvent ainsi comprimés par les fibres des muscles qui les recouvrent et qui adhèrent assez intimement à leur tissu.

L'urèthre est tapissé intérieurement par une muqueuse lisse et veloutée. Celle-ci présente à l'origine du tube et à sa paroi supérieure, sur la ligne médiane, une saillie arrondie, allongée, sorte de papille mousse qui s'efface peu à peu en arrière; c'est le verumontanum (c. fig. 150 et fig. 151. pl. XV), au devant duquel on aperçoit l'orifice semilunaire de la vésicule séminale (d. fig. 150. b. fig. 151), tandis qu'on distingue sur ses côtés les petits orifices des prostates. Ces derniers étaient au nombre de cinq, dont trois externes et deux internes; l'un de ceux-ci était caché profondément dans l'angle que la saillie forme avec la paroi du canal. Au niveau du verumontanum, la muqueuse vésicale, assez fortement plissée dans tout le trajet de son col, forme un très-léger pli dirigé en travers et devient à peu près lisse. Enfin à quelques millimètres derrière le verumontanum, on distingue, à l'aide de la loupe, deux très-petites ouvertures circulaires disposées l'une au devant de l'autre de chaque côté de deux plis longitudinaux parallèles qui parcourent la longueur du canal: ce sont, comme nous l'avons dit, les orifices excréteurs des glandes de cowper (gg' fig. 150).

Outre les muscles dont nous avons déjà parlé et les fibres musculaires qui lui appartiennent en propre et qui entrent dans la composition de ses parois, l'urèthre est entouré d'un grand muscle annulaire que nous appellerons uréthro-rectal (p, p', p'' fig. 72. pl. VI). Ce muscle forme un anneau qui embrasse l'urèthre et le rectum dans une étendue de 3 centimètres. Il commence au niveau des glandes de cowper, sur les côtés de la région inférieure du canal de l'urèthre et s'étend le long de ce canal jusqu'à l'extrémité des muscles ischio-caverneux. De ces points d'attache le muscle se porte en haut, sur les parties latérales de l'urèthre et du rectum, et s'arrête à un raphé tendineux qui se voit sur la face dorsale de cet intestin. Sa portion antérieure (p) donne attache aux muscles propres des glandes de cowper; sa portion moyenne (p') embrasse une grosse glande anale située sur les côtés du rectum; sa portion postérieure fournit d'abord une bandelette aplatie (p'') qui se porte vers le prépuce et sert de muscle rétracteur à ce fourreau, puis elle se dirige vers la queue, l'entoure et s'attache à sa face supérieure, après s'être réunie à celle du côté opposé. De leur point de réunion le long du raphé du rectum, les deux muscles envoient en avant un faisceau qui se confond avec les fibres du rétracteur de cet intestin.

Les effets principaux du muscle uréthro-rectal doivent être de comprimer l'urèthre et le rectum; il me paraît remplacer à la fois le bulbocaverneux, le constricteur de l'urèthre et même, en partie du moins, le releveur de l'anus.

Le rectum, situé au dessus de l'urèthre est muni d'un sphincter particulier (s. fig. 72) très-étendu susceptible de rétrécir considérablement sa portion terminale, comme on le voit par les gros plis longitudinaux que présente intérieurement sa muqueuse. De plus, il est pourvu de faisceaux musculaires qui partent de différents points de sa longueur et se réunissent en un faisceau unique; celui-ci vient s'attacher le long de la partie moyenne de la région inférieure de la queue; c'est un muscle rétracteur du rectum.

De la verge du lapin (fig. 69 et 70. pl. V, et fig. 71. pl. VI). — La verge est un organe cylindrique composé de l'urèthre, des deux corps caverneux, de muscles particuliers et du prépuce. La verge, dans l'état de repos est dirigée en arrière, de telle sorte que sa région dorsale devient inférieure et sa région ventrale supérieure. Elle est suspendue derrière la symphyse pubienne par un ligament et par le muscle pubo-caverneux. Elle se termine par un gland cylindrique, allongé, dont l'ouverture est large et à parois minces (*f*. fig. 69).

Les corps caverneux naissent par deux racines le long des branches montantes de l'ischion, se réunissent au dessous du pubis et marchent parallèlement l'un à l'autre dans toute la longueur de la verge. Ils sont formés par deux cylindres aplatis, séparés par une cloison fibreuse et entourés chacun d'une enveloppe de même nature; ils renferment le tissu cloisonné qui leur est propre. Ces corps caverneux s'étendent jusqu'à l'extrémité du gland, sous la forme d'une lamelle aplatie, arrondie à son extrémité (*e*. fig. 69). Il n'y a pas d'os pénial; c'est cette lamelle des corps caverneux qui en tient lieu. Si l'on coupe cette extrémité en travers, on distingue très-bien sur la tranche de la section les deux corps caverneux juxtaposés (fig. 70) et l'on voit à la loupe l'anneau fibreux formé par leur enveloppe, la cloison médiane qui les sépare et le tissu spongieux qui remplit chaque tube.

Sur la ligne médiane, au niveau de la racine de la verge et à sa face dorsale, se voient les deux muscles pubo-caverneux (*c*. fig. 69) rapprochés l'un de l'autre et étroitement unis par du tissu cellulaire. Ils sont gros, renflés et s'attachent d'une part au bord antérieur de la symphyse, de l'autre à la cloison médiane des corps caverneux, par un tendon court et fort. Ces muscles servent à redresser la verge et à la porter en avant.

Les ischio-caverneux (b) sont deux muscles considérables; ils naissent du bord interne de la branche montante des ischions par une large portion tendineuse qui embrasse la racine des corps caverneux. De ce tendon robuste partent des fibres musculaires qui se dirigent obliquement vers les corps caverneux et s'y attachent. Ces muscles, en se contractant, doivent tirailler en sens contraire les parois des deux cylindres, afin de les tendre et de faciliter l'afflux du sang pendant l'érection.

Le prépuce qui entoure le gland est garni, tout autour de son orifice, de très-petites glandes sébacées connues sous le nom de glandes préputiales (x. fig. 72. pl. VI). D'autres glandes beaucoup plus grosses, les glandes inguinales (u) se voient sur les côtés de l'organe d'accouplement; elles sont composées de lobules variables pour leur nombre et leur volume et unis entre eux par un tissu cellulaire lâche. Ces glandes sont logées dans une fossette ouverte en avant et limitée en arrière et sur les côtés par le muscle rétracteur du prépuce (p'') et par la portion postérieure du muscle uréthro-rectal. Ces glandes sécrètent une humeur spéciale d'une odeur forte, *sui generis*.

Article II.

Du vestibule génito-excrémentitiel du coq domestique.

Pl. VII et XV.

Nous venons de voir, dans le lapin, le rectum s'ouvrir au dehors par un orifice parfaitement distinct de l'orifice génito-urinaire. On sait que déjà dans les monotrèmes, parmi les mammifères, ainsi que dans les oiseaux et les reptiles il n'existe qu'une seule ouverture extérieure donnant issue à une poche plus ou moins renflée, dans laquelle viennent aboutir les conduits excréteurs des organes génitaux et de l'urine d'une part, et, de l'autre le rectum. C'est cette poche qui est connue depuis longtemps et décrite ordinairement sous le nom de cloaque *). Nous adopterons la dénomination de vestibule génito-excrémentitiel employée par M. Duvernoy.

L'entrée de ce vestibule dans le coq (fig. 73. pl. VI et fig. 155. pl. XV) est une fente transversale limitée par deux lèvres renflées et dont le contour extérieur est marqué par de grosses rides qui convergent vers l'intérieur (grandes lèvres de Geoffroy St. Hilaire). La lèvre antérieure est légèrement courbée en avant; la postérieure représente un arc de cercle plus grand que l'antérieure et dont la convexité est dirigée en arrière. La peau qui forme ces deux lèvres se prolonge en dedans, pour donner naissance à deux replis longitudinaux imitant en quelque sorte les petites lèvres des femelles de mammifères (petites lèvres de Geoffroy). Ces deux lèvres internes (*i.* fig. 155. pl. XV) contiguës en avant, s'écartent en arrière et laissent à découvert la saillie médiane (*k*) que forme en cet endroit la paroi postérieure ou supérieure du vestibule. Elles sont pliées en travers et partagées, par ce plissement, en deux portions inégales, une antérieure composée des deux moitiés contiguës et une postérieure formée par les deux moitiés écartées. Dans le jeune coq, on voyait un petit tubercule arrondi faire saillie entre les deux demi-lèvres antérieures (fig. 73. pl. VI). Ce tubercule n'existait pas dans le coq adulte.

Si l'on incise longitudinalement le cloaque par sa face inférieure, on voit qu'il se compose de deux cavités principales **). La première, ou

---

*) C'est Geoffroy St. Hilaire qui fit remarquer le premier que la dénomination de cloaque était impropre, en ce sens qu'il reste étranger aux urines et aux fèces et que ces matières ne s'y mêlent pas, ainsi qu'on l'avait cru pendant longtemps (Mémoire sur la terminaison du canal intestinal chez les oiseaux, dans le Bull. philom. 1822, p. 71 et Philosophie anatomique 1822, § VII. p. 321).

**) Barkow distingue 3 cavités: une première qui reçoit le rectum; une deuxième qui reçoit les ouvertures des uretères et celles des canaux déférents et une troisième dans laquelle l'entrée du vestibule (fig. 158. pl. XVI), s'étend depuis l'ouverture extérieure, jusqu'à un repli transversal bien caractérisé qu'on aperçoit au fond de la poche. Cette première cavité est allongée, cylindrique, élargie en avant; sa paroi supérieure ou dorsale est marquée de plis longitudinaux entre lesquels se voit une saillie médiane un peu bombée (*k*. fig. 155). Les plis contournent celle saillie en avant et cachent une petite papille médiane qui correspond à l'entrée de la bourse de fabricius (*c*. fig. 158. pl. XVI).

Au devant de ces plis cintrés antérieurs *) se trouve un bourrelet très-saillant, dirigé en travers et qui limite en avant ce premier espace vestibulien. Dans le jeune coq, la paroi supérieure de ce tube d'entrée était criblée de petits trous, orifices de cryptes muqueux très-nombreux (*d*. fig. 158) et qui se continuent dans l'épaisseur des parois de la bourse de fabricius.

Au delà du bourrelet transversal situé au fond du premier espace vestibulaire, se voit un second espace limité en avant par un autre bourrelet que forme le rebord plissée du rectum (*d*. fig. 75. pl. VII. et *n*. fig. 112). Cette seconde chambre est très-étroite et disposée en travers. C'est dans son intérieur qu'aboutissent les uretères, vers la ligne médiane (fig. 112), et les canaux déférents, sur les côtés et un peu plus en arrière. Dans le coq dont j'ai fait représenter les organes (fig. 75), les uretères s'ouvraient plus en avant qu'à l'ordinaire (*m*) entre les plis du bourrelet rectal lui-même.

Aux deux extrémités latérales de la deuxième chambre vestibulaire sont situées deux papilles symmétriques qui font saillie dans l'intérieur de

---

s'ouvre la bourse de fabricius (Meckel's Archiv, 1829, p. 443). Nous n'admettons pas la première de ces trois cavités, parcequ'elle n'est autre chose que le rectum lui-même dilaté et qu'elle n'appartient pas au vestibule génito-excrementitiel ou cloaque proprement dit.

*) Voyez aussi fig. 112. pl. XI, qui représente plus distinctement les mêmes chambres du cloaque chez la poule.

cette chambre (*ee'* fig. 75). Ces papilles ont la forme d'un cône aplati à sommet émoussé; elles avaient 2 millim. de longueur sur 1½ de largeur à leur base, dans la pièce représentée fig. 75. J'ai trouvé ces papilles percées à leur sommet d'un orifice très-petit, mais distinct (fig. 79). Voulant m'assurer que cet orifice était réel et non le résultat d'une déchirure, j'ai pratiqué plusieurs coupes suivant l'épaisseur de la papille et j'ai constamment trouvé au centre des petites pièces ainsi obtenues une ouverture du même diamètre (fig. 80). Enfin j'ai incisé la papille suivant sa longueur et j'ai pu suivre son canal jusque dans la portion dilatée du canal déférent. Il est donc certain que l'orifice génital ne se trouve pas à la base de la papille, mais bien à son sommet et que cette papille est creusée d'un canal dans toute sa longueur *).

Le tissu de la papille était spongieux, composé de fibrilles ondulées et entrelacées et parcouru par de nombreux vaisseaux sanguins que l'injection avait remplis. Il est probable que ce tissu est susceptible d'érection et je suis porté à regarder les papilles en question comme des représentants de l'organe d'accouplement. L'existence des corps spongieux vasculaires dans le voisinage de ces organes (*ff'* fig. 75) donne encore plus de poids à cette détermination, puisque ces corps sont évidemment analogues, par leur structure, au corps spongieux de l'urèthre des mammifères. Les papilles seraient alors les représentants des corps caverneux. A la vérité il est difficile de concilier cette opinion avec l'existence simultanée des papilles et d'une verge unique, comme cela a lieu chez les oiseaux munis de ce dernier organe; à moins qu'on n'admette une séparation des corps caverneux à leur origine, non seulement l'un de l'autre, mais aussi du corps de la verge. Dans cette hypothèse les papilles représenteraient les racines du corps caverneux et la verge unique en serait le corps.

---

*) Dans le casoar à casque, le canal déférent est aussi percé au sommet d'une papille (Duvernoy, Leçons d'anat. comparée de G. Cuvier).

Le rectum situé au devant de l'espace que nous venons de décrire forme, suivant quelques auteurs, une troisième chambre cloacale. Il se dilate en effet en une large poche (*b.* fig. 75) dans laquelle s'accumulent les fèces, mais nous ne croyons pas qu'on puisse regarder cette poche comme appartenant au cloaque proprement dit.

Le bourrelet qui sépare la dilatation rectale du second espace vestibulaire (*o.* fig. 112. pl. XI), est formé en grande partie par un muscle orbiculaire épais (*m'*), le sphincter rectal. Un autre sphincter plus petit (sphincter vestibulaire) compose le second bourrelet (*n*); on voit en *p* et *p'* la coupe de ce muscle orbiculaire.

Muscles du cloaque *). Le vestibule génito - excrémentitiel du coq est entouré de muscles puissants dont la disposition est assez remarquable. Les branches du pubis sont unies, en arrière, par une bande tendineuse très - résistante à laquelle s'attachent les muscles de l'abdomen (*b.* fig. 155. pl. XV). Derrière ce ligament pubien se voient deux gros muscles (*d*) qui se fixent à son bord postérieur et dont les fibres se dirigent obliquement en dehors contournent le renflement vestibulaire et viennent se rejoindre à la paroi supérieure du vestibule, en formant autour de cette paroi un anneau très - étroit (*d.* fig. 156). Ce sphincter entoure donc le cloaque d'un anneau très - large en bas, très - étroit au contraire en haut.

Le cloaque est entouré d'un second anneau tout - à - fait semblable au premier, mais disposé en sens inverse. Il se compose, comme l'anneau antérieur, de deux portions, l'une étroite, abdominale (*e.* fig. 155), située derrière la portion élargie de la première; l'autre au contraire large (*c.* fig. 156) placée au devant de la portion rétrécie du premier anneau.

---

*) Les muscles du cloaque ont été représentés par Spangenberg, d'après le canard (Disquis. circa part. genit. foemineas avium, Göttingen 1813. 4.); mais quelques-unes de ses déterminations laissent à désirer. Ainsi il ne décrit qu'un seul sphincter et il appelle muscle érecteur du clitoris une bandelette qui a la même disposition que l'artère qui se rend du cloaque à la queue (*i.* fig. 156. pl. XV, de nos dessins).

Anatomie des organes génitaux des animaux vertébrés. 131

La disposition de ces deux muscles est assez comparable à celle qui résulterait de deux anneaux cricoïdiens enchâssés l'un dans l'autre, de manière à former par leur réunion un large sphincter d'égale étendue partout. Ils doivent resserrer fortement la première portion du vestibule autour de laquelle ils sont placés.

Au devant de la lèvre antérieure du vestibule et au dessous de la portion élargie du constricteur antérieur, se trouvent deux muscles très-petits (*f.* fig. 155), longitudinaux, qui s'attachent à la lèvre correspondante et servent à la porter en avant (**muscles pyramidaux ou releveurs de la lèvre antérieure**).

Enfin les régions latérales du vestibule peuvent être écartées l'une de l'autre par deux muscles courts qui se détachent de la partie moyenne des fléchisseurs de la queue (**iléo-coccygiens**) et s'insèrent sur les côtés du vestibule. Ces muscles sont à la fois, par leur disposition, rétracteurs et dilatateurs.

Le cloaque est suspendu par un ligament aponévrotique qui sert à le fixer contre la paroi inférieure du corps et qui s'insère le long de la partie moyenne et inférieure de la queue. Nous ajouterons qu'il existe quelques faisceaux musculeux qui de la surface du rectum se portent vers le ligament pubien et s'y attachent: ce sont des rétracteurs de l'intestin.

Article III.

Du vestibule génito-excrémentitiel et des verges du lézard.

Pl. XIII, XVI, XVII et XVIII.

Le cloaque du lézard, vu extérieurement et dépouillé de ses muscles, a la forme d'un court cylindre renflé sur ses côtés. La vessie placée au dessous du rectum se termine par un col très-allongé situé au dessus de la symphyse des os du bassin; ce col se renfle en une très-petite ampoule à l'endroit où il perce la paroi du cloaque (fig. 127. pl. XIII). Sur les côtés et au dessus du rectum se voient deux renflements en forme d'ampoules (*d*). C'est dans le pli que forme chacun de ces renflements avec la paroi correspondante du rectum que s'insèrent les uretères et les canaux déférents, dans le mâle, et l'oviducte chez la femelle.

L'entrée du vestibule est une fente transversale qui occupe presque toute la largeur du corps et dont les deux lèvres, l'antérieure et la postérieure, sont toujours rapprochées et étroitement appliquées l'une contre l'autre. En écartant ces deux lèvres, on voit que l'antérieure se replie en dedans pour former une lèvre interne (fig. 163 et 164. pl. XVI) analogue à celle qui existe à l'entrée du vestibule du coq ; cette lèvre interne cache en partie les rigoles des verges.

Si l'on incise le cloaque suivant sa longueur par sa paroi inférieure en passant tout près de la vessie, on arrive d'abord dans une portion rétrécie dont la muqueuse est plissée longitudinalement (*b.* fig. 165) et au bout de laquelle on voit une cavité circulaire assez profonde (*c*) séparée de la portion rétrécie par un repli transversal. C'est au milieu de cette cavité et conséquemment à la paroi dorsale du cloaque, qu'on aperçoit les deux papilles cylindriques, tubuleuses, à l'extrémité desquelles s'ouvrent les canaux déférents, en bas, et les uretères en haut (fig. 165 et fig. 81. pl. VII). Cette cavité est divisée en deux moitiés latérales par une saillie médiane (*g* et *h.* fig. 171. pl. XVII; *d.* fig. 169 et *i'* fig. 170) et chaque moitié se prolonge en avant en un cul-de-sac correspondant à l'ampoule latérale extérieure (*c.* fig. 167. pl. XVI).

Tout à fait en avant du vestibule ainsi ouvert on distingue l'embouchure du rectum (*b.* fig. 171) située au dessous [*]) des deux ampoules; elle est entourée d'une rosette de gros plis au milieu desquels on aperçoit un orifice très-petit un peu tourné vers le bas et non directement en arrière. L'orifice de la vessie urinaire (*h'* fig. 170) se trouve un peu avant celui du rectum, à la face inférieure du cloaque, il est percé dans

---

[*]) Dans nos descriptions nous supposons toujours l'animal dans sa position naturelle et non couché sur le dos comme il est représenté dans les figures.

une petite fossette qui correspond à la légère dilatation du col de ce réservoir.

Les plis de la rosette extérieure du rectum se continuent dans cet intestin, pour former, à quelques millimètres de l'orifice extérieur, un bourrelet intérieur, véritable valvule circulaire (*b*. fig. **166** et *i*. fig. **168**. pl. XVI) à bord crénelé, dirigée en avant et qui a pour usage, quand elle se contracte, de fermer exactement l'orifice rectal. La muqueuse de l'intestin forme de gros plis transverses au devant de cette valvule (*h*. fig. **168**). L'embouchure du rectum dans le cloaque est séparée de la région supérieure de cette cavité par un rebord saillant dirigé en travers et qui la divise en deux espaces, l'un supérieur avec ses deux ampoules, l'autre inférieur dans lequel aboutissent les orifices du rectum et de la vessie urinaire (voyez les coupes fig. **167**. pl. XVI et fig. **170**. pl. XVII).

Le cloaque du lézard est donc une cavité irrégulière élargie dans son milieu et divisée en deux chambres: une postérieure très-rétrécie et sinueuse et une antérieure dilatée, renflée et prolongée en avant en deux petits culs-de-sac. C'est à la paroi supérieure de cette dernière chambre que s'ouvrent les canaux déférents avec les uretères, tandis que le rectum et la poche que l'on convient d'appeler vessie urinaire s'ouvrent à sa paroi inférieure; l'orifice de cette vessie correspond d'ailleurs exactement aux orifices des deux uretères.

L'étroitesse du rectum près de son ouverture dans le cloaque et surtout l'existence de sa valvule circulaire dont le bord libre est dirigé en avant, empêchent les matières fécales d'arriver dans la poche genito-excrémentitielle. Cette étroitesse est telle qu'une injection de matière très-déliée, poussée par le rectum, ne pénètre jamais dans le cloaque. Quant à l'urine, je ne l'ai jamais trouvée dans la vessie, quoique j'aie ouvert une quarantaine de lézards mâles ou femelles. J'ai vu assez souvent ce liquide déposé au devant de l'orifice rectal, dans le petit espace légèrement renflé compris entre cet orifice, la paroi inférieure du cloaque et la saillie transverse qui sépare le rectum des deux ampoules supérieures.

Les parois du cloaque sont composés d'une muqueuse qui forme dans son intérieur des plis et des saillies plus ou moins prononcées et de plusieurs couches de fibres musculaires. Les plis de la muqueuse sont surtout très-développés autour de l'entrée des ampoules latérales (*c.* fig. 169. pl. XVI et *f.* fig. 171. pl. XVII). Ils sont recouverts de lobules épais, disposés en mamelons ou en petits paquets irréguliers et composés de ces amas de petites vésicules dont nous avons parlé plusieurs fois, et qui semblent caractériser, chez ces vertébrés inférieurs, le tissu des muqueuses. L'épithélium qui les recouvre est formé de grandes cellules cylindriques dont l'ensemble, vu de face, présente un aspect réticulé (fig. 172. pl. XVII).

La disposition des orifices excréteurs et l'arrangement des cavités intérieures du vestibule génito-excrémentitiel, montrent parfaitement qu'il ne saurait y avoir de mélange entre les divers produits portés au dehors. Les matières fécales restent en dépôt dans le rectum; les urines s'accumulent dans le petit espace que nous avons fait remarquer à la paroi inférieure du cloaque; et enfin le produit des glandes spermatiques est versé au dehors à l'aide des rigoles dont les verges sont creusées.

Il existe derrière la lèvre postérieure du vestibule et le long de sa paroi dorsale, deux glandes allongées, renflées à leurs extrémités et qu'on rencontre dans les deux sexes (*l.* fig. 173. pl. XVII et *k.* fig. 179. pl. XVIII). Les renflements postérieurs de ces deux glandes vestibuliennes se voient en arrière du sphincter des lèvres (fig. 173); ils sont entourés par deux faisceaux musculaires qui se détachent de la partie antérieure du muscle du fourreau de la verge, dans les mâles, ou de son analogue dans les femelles, et qui servent à les comprimer. Les glandes se rétrécissent ensuite, longent la paroi dorsale du vestibule, puis se renflent de nouveau en deux corps ovoïdes (fig. 179) plus petits que les renflements postérieurs et situés de chaque côté de l'extrémité postérieure du rein. Ces glandes adhèrent fortement aux parois du cloaque et versent leur produit à l'entrée du vestibule par de très-petits orifices. Elles sont formées de petits lobules irréguliers réunis par un tissu cellulaire serré et composés eux-mêmes de granulations fines.

La paroi antérieure du vestibule renferme dans son épaisseur une série de petites glandes presque microscopiques. Ce sont des utricules allongés qui s'ouvrent à l'entrée du vestibule et qu'on aperçoit déjà, à l'aide de la loupe, à travers la muqueuse de cette région.

Ces glandes, comme les précédentes, sécrètent une humeur destinée à lubréfier l'intérieur des organes d'accouplement, afin de faciliter sans doute le rapprochement sexuel.

Muscles du cloaque. — Le cloaque des lézards est muni de muscles nombreux destinés à agir sur les différents points de cet organe pour le dilater dans toutes les directions, pour en resserrer l'entrée, ou pour le tirer en arrière, soit pendant l'acte de l'accouplement, soit afin de faciliter la sortie des matières qui doivent le traverser. La dissection de ces petits muscles est assez difficile; nous y avons mis le temps et le soin nécessaires et nous les avons fait représenter dans plusieurs dessins, afin qu'on puisse se faire une idée de leur mode d'action.

1) Muscles releveurs de la lèvre antérieure (fig. 173, 174 et 175. pl. XVII). Immédiatement sous la peau de la partie inférieure du corps, au devant de la fente du vestibule, se voient de chaque côté deux muscles placés l'un au devant de l'autre, entre la lèvre antérieure et le bord postérieur de l'ischion.

Le plus antérieur de ces deux muscles, ou premier releveur de la lèvre antérieure (*d.* fig. 173), s'attache le long du bord postérieur de l'ischion et sur les côtés de son apophyse médiane. Ses fibres se portent obliquement en dehors vers la commissure des lèvres; elles s'attachent en partie aux parois du cloaque, en partie au muscle situé derrière lui, puis elles vont se réunir en dehors à un petit ligament aponévrotique situé entre l'articulation coxo-fémorale et l'angle de la lèvre. D'autres fibres plus profondes (*m.* fig. 174) se changent en un tendon qui se porte en avant et en haut, se fixe contre les parois latérales du cloaque et reçoit, tout près de son point d'attache, des fibres provenant d'un autre muscle, le dilatateur latéral (*l*).

Ce premier releveur de la lèvre antérieure a un double usage. Comme il adhère en partie au muscle situé derrière lui, il concourt avec ce dernier à tirer en avant la lèvre antérieure du cloaque et agit, avec son congénère, sur toute l'étendue de cette lèvre. D'un autre côté, par son tendon antérieur et supérieur, il tire en bas et en arrière la paroi latérale de la portion moyenne du cloaque, pendant que les fibres du dilatateur latéral qui s'attachent à ce tendon tirent cette paroi en dehors; de cette manière il sert à tendre et à écarter l'une de l'autre les parois de la cavité cloacale, et concourt par conséquent à élargir cette cavité.

Le second muscle releveur de la lèvre antérieure est placé derrière le précédent auquel il adhère en partie (*e*. fig. 173). Ses fibres sont dirigées obliquement de dehors en dedans et d'avant en arrière et s'attachent contre la paroi antérieure de la lèvre, dans toute la longueur de cette paroi. Il relève donc fortement celle-ci et il est aidé dans son action par le muscle précédent.

Un troisième muscle destiné au même usage consiste en un faisceau cylindrique qui se détache du fourreau de la verge (*f*. fig. 173, *k*. fig. 174, 175 et 163. pl. XVI), contourne l'angle des lèvres et vient se porter en avant de la lèvre antérieure, sur la ligne médiane, tout près de son congénère. Ce faisceau agit plus particulièrement sur la partie moyenne de la lèvre; nous l'appellerons Releveur médian.

Par l'action combinée de ces trois paires de muscles la lèvre antérieure est fortement tirée en avant afin d'ouvrir l'entrée du vestibule.

2) Muscle releveur de l'angle des lèvres. C'est un très-petit muscle qui part de la commissure des lèvres, se porte en dehors et en avant et s'attache au fémur, au dessus du trochanter. Ce petit muscle, situé sous la peau, tire en dehors et en avant l'angle des lèvres; il ne se voit pas dans nos figures.

3) **Muscle constricteur des lèvres** (*k*. fig. 173). Il se voit surtout derrière la lèvre postérieure à laquelle il appartient plus particulièrement. Ses fibres recouvrent en partie les renflements postérieurs des deux glandes vestibuliennes et se portent en dehors pour se perdre vers la commissure des lèvres et dans le fourreau de la verge. Il resserre et ferme l'entrée du vestibule.

4) **Muscles dilatateurs latéraux ou ischio-vestibuliens.** Situés sur les parois latérales du cloaque, un de chaque côté, ces petits muscles, de forme triangulaire, s'attachent par leur base contre la face supérieure et le long du bord postérieur de l'ischion (*g*. fig. 177 et *l*. fig. 174. pl. XVII). Delà les fibres du muscle se portent en arrière, en dehors et en haut et se réunissent en un tendon qui se fixe contre les parois du cloaque près du point d'insertion des canaux déférents (*l*. fig. 175 et *g*. fig. 178). Quelques-unes de ses fibres s'attachent le long du tendon du premier releveur de la lèvre antérieure comme on le voit fig. 175.

Ces muscles tirent les parois latérales et supérieures du cloaque en dehors et en avant et dilatent ainsi cette cavité.

5) **Muscle dilatateur inférieur** (*o*. fig. 174). C'est un muscle très-mince qui s'attache le long de l'apophyse cartilagineuse de l'ischion (*p*) et se porte directement en haut, pour se fixer contre la paroi inférieure du cloaque. Il tire cette paroi en bas.

6) **Muscle rétracteur médian.** Il commence entre les fourreaux des verges, sur la ligne médiane (*i*. fig. 173 et *s*. fig. 125. pl. XIII). Ses fibres s'attachent à la peau de la région inférieure du corps dans une assez grande étendue, aux apophyses épineuses inférieures de la queue, ainsi qu'aux fibres des muscles du fourreau et des adducteurs de la cuisse entre lesquels il est placé. Delà il se porte en avant, entre les deux glandes vestibuliennes, derrière l'extrémité postérieure des reins (*d*. fig. 178 et *f*. fig. 179. pl. XVIII) et s'attache par un tendon robuste à la face dorsale du cloaque, au niveau de l'insertion des canaux urinaires et génitaux (*i*. fig. 127. pl. XIII).

Ce muscle tire fortement en arrière et en bas la paroi supérieure du cloaque ; il me paraît spécialement destiné à faire saillir au dehors les papilles des canaux urinaires et spermatiques.

7) **Muscles rétracteurs latéraux.** Derrière les glandes vestibuliennes se trouvent deux faisceaux musculeux qui proviennent du fourreau de la verge (*h.* fig. 173) et s'attachent en partie à la peau. Après avoir contourné et enveloppé les glandes vestibuliennes, ces muscles se portent en avant (*l.* fig. 179 et *i'* fig. 127. pl. XIII) et s'attachent, par un tendon assez fort, sur les côtés de la paroi dorsale du cloaque, derrière l'insertion du tendon du dilatateur latéral.

Ces muscles tirent fortement en arrière les côtés de la paroi supérieure du cloaque, en même temps que le rétracteur précédant agit sur sa partie moyenne.

On remarquera le trajet que parcourent tous ces muscles rétracteurs : fixés, d'une part, à la peau de la région inférieure du corps, de l'autre à la portion supérieure du cloaque qui répond à la seconde chambre et dans laquelle se trouvent les papilles génito-urinaires, ils ramènent en bas la paroi dorsale de cette chambre, afin de rapprocher les papilles de l'orifice extérieur.

Des verges et de leurs muscles.

Pl. XVI, XVII et XVIII.

Les lézards ont deux verges disposées symmétriquement sur les côtés de la région inférieure de la queue, derrière la fente vestibulaire. Elles se présentent sous la forme de deux corps allongés, fusiformes, très-effilés en arrière et elles produisent sous la peau un renflement qui sert à distinguer les mâles des femelles.

Contenues chacune dans un fourreau musculeux, elles se touchent par leur face inférieure, mais elles sont écartées l'une de l'autre en dessus et séparées par le grand muscle adducteur de la cuisse (coccy-trochantérien) et par l'ischio-coccygien fourreaux des verges ou muscles vaginiens. — Les fourreaux musculeux des verges (*g*. fig. 173) adhèrent à la peau de la région inférieure de la queue; leurs fibres sont disposées par faisceaux obliques et transverses qui s'attachent le long des apophyses épineuses inférieures et sur les côtés de la queue, en se confondant avec les muscles de cette région. Les deux fourreaux, comme je viens de le dire, adhèrent l'un à l'autre, sur la ligne médiane, par une sorte de raphé. Vers le tiers antérieur de la verge les fibres de chaque fourreau augmentent d'épaisseur et se divisent en plusieurs faisceaux qui s'attachent en spirale, à différentes hauteurs, autour du tube de la verge, près de l'entrée de ces tube (*i'* fig. 175). C'est du bord externe de ce muscle épais que se détache le faisceau cylindrique décrit plus haut sous le nom de releveur médian (*k*. fig. 174 et 175; *f*. fig. 173) de la lèvre antérieure; tandis que son bord interne donne attache, en avant, aux muscles des glandes vestibuliennes (*h*. fig. 173).

Ce muscle vaginien sert à retourner le tube de la verge et il est admirablement disposé pour cet usage. Ses points fixes, en effet, sont en arrière et sur les côtés, le long de la queue; ses fibres, en se contractant, concourent donc à tirer en arrière les parois du tube de la verge et à retourner ce tube sur lui-même, pour faire saillir l'organe de copulation.

D'autres muscles, étrangers à la verge, servent au contraire à ramener le fourreau en avant, après qu'il a été, en quelque sorte, retourné comme un gant; ils tendent ainsi à faire rentrer l'organe copulateur dans son fourreau. Ce sont le grand adducteur de la cuisse (fémoro-coccygien) et surtout l'ischio-coccygien.

Le fémoro-coccygien est large et fort; son corps s'attache à la partie inférieure de la queue et plusieurs de ses fibres adhèrent intimement à celles du muscle du fourreau, surtout sur la ligne médiane. C'est entre les deux muscles fémoro-coccygiens que pénètre l'extrémité postérieure des deux reins soudés entre eux en arrière. Les fibres de ce muscle se réunissent en un gros tendon qui s'attache au trochanter (*f*. fig. 177.

pl. XVII). Quand ces muscles se contractent, celles de leurs fibres qui s'attachent aux muscles vaginiens doivent porter ceux-ci en avant.

L'ischio-coccygien est un muscle grêle situé en dedans du précédent. Les deux muscles sont rapprochés l'un de l'autre, le long de la ligne médiane, entre les fourreaux (c, c', c'', fig. 177), contre les fémoro-coccygiens, et s'attachent avec eux aux longues apophyses épineuses inférieures de la queue et en partie à la peau. Delà ils se portent en avant, en croisant la direction du fémoro-coccygien et se terminent par un tendon grêle (c'') qui se fixe à l'épine de l'ischion, à une petite distance de l'articulation coxo-fémorale. Du corps de ces muscles partent de nombreux faisceaux (c' fig. 178) qui se dirigent en dedans et s'entrecroisent sur la ligne médiane en adhérant au raphé des muscles du fourreau ; quelques fibres s'entrecroisent aussi avec celles de l'adducteur fémoral (fémoro-coccygien). Quand les pattes de derrière sont appuyées contre un plan résistant et que le bassin est conséquemment immobile, la partie postérieure ou le corps de ces deux muscles, venant à se contracter, tire nécessairement en avant les fibres des muscles vaginiens et les ramènent dans leur position naturelle.

Des verges proprement dites. Les verges elles-mêmes sont des tubes à parois musculeuses et élastiques. Chacun de ces tubes, simple à son origine en avant, est double en arrière dans la moitié environ de son étendue (fig. 176. pl. XVII). Chaque verge est donc réellement bifurquée ou double, comme celle de beaucoup de serpents. La portion simple ou commune (bb') est formée par une membrane fibreuse, élastique, autour de laquelle s'attachent les différents faisceaux du muscle vaginien. Intérieurement sa muqueuse forme de gros plis irréguliers, longitudinaux et obliques (b'). Cette partie commune s'ouvre à l'entrée du vestibule par une rigole profonde composée de deux lèvres à parois épaisses, rapprochées l'une de l'autre. Il en résulte un demi-canal qui vient aboutir de chaque côté, près de la ligne médiane, à la paroi antérieure du vestibule (fig. 176).

Derrière cette partie commune la verge s'élargit et se bifurque. Chacun des deux tubes (c) qui résulte de cette bifurcation est marqué de plis arrondis, gaufrés, disposés transversalement avec la plus grande regularité et qui apparaissent comme des stries parallèles très-rapprochées (fig. 182 et 183. pl. XVIII). Au fond de chaque tube s'élève, en arrière, un très-petit tubercule (hh' fig. 176) à peine visible qui représente le gland et qui est formé par une agglomération de très-petits mamelons. Il existe en dedans de ce tubercule une rainure longitudinale (g) formée par deux plis rapprochés l'un de l'autre et dont l'extrémité libre et tronquée est dirigée en avant. Chaque demi-verge est munie intérieurement d'une semblable rainure et d'un tubercule mamelonné et il m'a semblé que les deux rainures, qui représentent assez bien deux moitiés de cylindre, sont disposées de manière à constituer un tube entier par leur rapprochement, lorsque la verge est retournée.

Tout l'intérieur de la verge est recouvert d'un épiderme corné qui s'en détache en grandes lames et se compose de cellules polygonales assez régulières, de grandeur variable, renfermant un noyau granuleux (fig. 184). La grandeur moyenne de ces cellules était de 0,02 mm.; d'autres n'avaient que 0,015 à 0,012 mm.; le noyau mesurait, en moyenne, 0,005 mm.

L'épithélium du fond de la verge, celui qui tapisse toute la surface mamelonnée du gland, est hérissé d'épines très-rapprochées les unes des autres (fig. 185), de forme conique, et qui n'avaient pas plus de 0,02 mm. de longueur, sur 0,002 mm. de largeur.

La muqueuse sous-jacente, finement veloutée, est composée de petites masses arrondies, mesurant 0,01 mm. et formées de vésicules très-ténues semblables à des granulations transparentes.

J'ai cru voir sous cette muqueuse, dans la paroi antérieure du tube commun, un amas de très-petits cryptes peu distincts.

La muqueuse est recouverte extérieurement d'une membrane élastique et vasculaire, composée de fibrilles extrêmement fines entrelacées et comme feutrées. Je n'ai rien vu, dans cette peau de la verge, qu'on puisse regarder comme un tissu véritablement érectile.

Enfin le tout est enveloppé de fibres musculaires disposées en autant de bandelettes qu'il y a de plis à chaque verge (*b*. fig. 183). Toutes ces bandelettes, attachées séparément à chaque pli, aboutissent à un tendon moyen situé entre les deux demi-verges (*h*. fig. 181); puis elles se réunissent de chaque côté en un muscle (*i*. fig. 180 et 181) qui se dirige en arrière pour se confondre avec la masse du rétracteur commun (*k*).

Ces muscles sont évidemment destinés à retirer les verges. Ils sont aidés dans leur action par un rétracteur commun (*k*. fig. 180 et 181, et *dd'* fig. 176) qui résulte de la réunion des rétracteurs de chaque moitié de la verge et qui s'attache en arrière aux muscles voisins et aux grandes apophyses épineuses inférieures de la queue.

Article IV.

Du vestibule génito-excrémentitiel de la grenouille mâle.

Pl. XVIII et XIX.

Le cloaque des grenouilles est une cavité tubuleuse assez simple et qui paraît, au premier abord, tout d'une venue et d'une largeur égale partout; mais si on l'étudie sur des pièces fraîches qui ont séjourné quelques jours seulement dans l'esprit de vin, on voit qu'il n'en est pas ainsi. En effet le rectum, d'abord très-large, se rétrécit à une petite distance du cloaque, au point de ne plus offrir que la moitié de sa largeur primitive (*f*. fig. 198. pl. XIX). Sa muqueuse, de lisse qu'elle était, forme des plis longitudinaux ondulés qui commencent en avant, autour d'un bourrelet peu marqué (*g*. fig. 198 et *b*. fig. 195) et se terminent à un autre bourrelet (*c*. fig. 198) au niveau du cloaque. La longueur de cette portion plissée était de 7 millim. et sa largeur de 5 millim. L'axe de l'intestin ne se continue pas directement avec l'axe du vestibule; le premier forme avec le second un angle plus ou moins obtus, comme on le voit distinctement par une coupe longitudinale (fig. 198). Derrière le bourrelet terminal du rectum (valvule rectale) se trouve un petit cul-de-sac peu prononcé, long seulement de 2 mill. sur 7 de largeur, plus large, par conséquent, que l'issue du rectum. C'est une sorte de petite chambre allongée transversalement en forme de losange et dans laquelle s'ouvrent les uretères en haut (*c.* fig. 195 et 196) et la vessie en bas (*o.* fig. 195). Le tube se rétrécit de nouveau derrière cette région pour former le tube de sortie ou vestibule, qui a 3 millimètres de largeur (*b.* fig. 198).

Ainsi nous retrouvons, dans cette cavité génito-excrémentitielle des grenouilles, les mêmes parties principales que dans les animaux précédents, savoir: 1) un tube vestibulien qui s'étend depuis l'orifice anal jusque près du niveau des orifices urinaires et génitaux; sa muqueuse est marquée de plis assez prononcés en arrière, mais qui s'effacent peu à peu en avant; c'est la première chambre du cloaque des animaux précédents; 2) la chambre vestibulienne proprement dite ou deuxième chambre du vestibule. Elle est très-courte, mais elle se distingue de la précédente par sa plus grande largeur et par l'aspect lisse de sa muqueuse. On voit à la paroi dorsale de cette chambre et sur la ligne médiane, immédiatement derrière le bourrelet rectal, deux gros plis lamelleux (fig. 196) qui convergent en arrière et ne sont que des prolongements des plis du rectum lui-même: c'est au sommet de chacun d'eux que s'ouvrent les uretères (*c*) par une fente longitudinale qu'on ne distingue qu'en écartant les bords de l'orifice. On a regardé à tort cette éminence papillaire comme représentant une verge; rien dans sa structure ne légitime cette assertion; elle rappelle simplement les papilles qui s'ouvrent dans la même région chez le lézard, mais qui ont une autre forme.

Vis-à-vis la double papille génito-urinaire se voit, à la paroi inférieure du vestibule, l'orifice de la vessie (fig. 195 et 198). Celle-ci est une poche très-ample, bilobée, remarquable par son réseau vasculaire qui fait peut-être de cette poche un organe accessoire de respiration *). Son orifice très-large est entouré de faisceaux musculeux disposés en forme de boutonnière et qui appartiennent à un des rétracteurs du rectum, le muscle ischio-rectal (*d.* fig. 194. pl. XIX).

Le petit espace vestibulaire que nous venons de décrire est limité en avant par le bourrelet rectal. J'ai examiné comparativement la muqueuse de ce bourrelet, celle de la portion plissée du rectum, ainsi que la muqueuse de la papille génito-urinaire et de la portion moyenne du vestibule. Je n'ai trouvé de différence que dans son épaisseur, mais nullement dans sa composition. La muqueuse rectale est épaisse; elle recouvre un lacis vasculaire très-serré et elle se compose d'amas de vésicules granuleuses réunies en forme de cellules arrondies, du diamètre de 0,01 mm. Celle du vestibule est plus mince, mais sa structure est la même. Quant aux papilles génito-urinaires, elles sont formées par de fibrilles très-déliées, continuation de celles qui constituent les conduits uro-spermatiques, et par une muqueuse analogue à la précédente, recouverte d'un épithélium

---

*) La vessie des batraciens a été regardée par Townson déjà, et, dans ces derniers temps par Carus et par MM. Duméril et Bibron, comme un organe de respiration, comme une sorte d'allantoïde persistante. Il est certain que les parois extrêmement vasculaires de cet organe légitiment cette opinion, d'autant plus que son large orifice doit rendre facile l'accès de l'eau dans cette espèce de poche branchiale, comme on croit que cela a lieu pour les tortues. Cependant la fonction exclusivement respiratrice de la vessie ne me paraît pas suffisamment démontrée. La circonstance que les uretères n'aboutissent pas à cette poche n'est pas une raison pour lui dénier les fonctions de réservoir urinaire, ainsi que le fait remarquer Jacobson (Ueber eine wichtige Function der Venen, in Meckel's Archiv, 1817, T. 3, p. 147); la position de l'orifice vésical au dessous des orifices des uretères doit permettre à l'urine d'y pénétrer. Rathke dit avoir trouvé un oeuf dans la vessie d'une salamandre (De Salamandrarum corporibus adiposis, Berol. 1818. 4.), ce qui montre assez la possibilité du passage du liquide urinaire. Je crois qu'on peut expliquer de la même manière l'existence de débris de coquilles dans les pierres vésicales des tortues molles (Fragments sur les organes génito-urinaires des reptiles, par M. Duvernoy. — Compt. rendus 1844, Tom. 19, p. 249 et s.); ces débris peuvent être regardés comme ayant pénétré dans la vessie par le rectum, tout aussi bien, et avec plus de raison peut-être, que comme ayant été entraînés par des courants d'eau lors de l'aspiration présumée de ce liquide par l'anus.

cylindrique (fig. 197. pl. XIX), probablement vibratile, dont les cellules sont surtout développées autour des orifices. Les cellules de cette région avaient 0,012 à 0,015 mm. de largeur sur une longueur presque double; leurs bords libres offraient un double contour et elles renfermaient un contenu finement granuleux; je ne leur ai pas trouvé de cils vibratiles.

Les muscles propres du rectum et du cloaque sont disposés sur deux plans: les uns extérieurs composés de fibres longitudinales très-serrées, les autres intérieurs circulaires. Leurs fibrilles, qui appartiennent aux muscles de la vie végétative, ont environ 0,001 mm. d'épaisseur

Le vestibule génito-excrémentitiel est muni de deux **muscles rétracteurs** particuliers, l'un dorsal, l'autre ventral.

Rétracteur dorsal ou coccy-vestibulien. Il se compose de deux petits tendons (*o.* fig. 193. pl. XIX) fixés, l'un à côté de l'autre, au bord inférieur de l'extrémité cartilagineuse du coccyx. Ces tendons donnent attache à des faisceaux musculaires aplatis qui se portent en avant et s'étalent en éventail dans l'épaisseur de la paroi dorsale du vestibule; ils se perdent autour de l'insertion des canaux uro-spermatiques. Ces muscles ont évidemment pour usage de ramener en arrière la région du cloaque dans laquelle s'ouvrent ces canaux et ils sont les analogues des rétracteurs que nous avons décrits dans le lézard.

Rétracteur inférieur ou ischio-vestibulien. Il est composé de plusieurs gros faisceaux d'un aspect brillant, comme tendineux, qui entourent comme d'une boutonnière le col de la vessie (*d.* fig. 194). Ces faisceaux se perdent en avant, dans les fibres longitudinales du rectum; en arrière ils se réunissent, passent par dessus le sphincter anal et viennent s'attacher à la partie supérieure d'un petit tendon (*b*) fixé au devant de la symphyse des os du bassin. Ce muscle a donc aussi pour usage de tirer le cloaque en arrière; dans ce mouvement il doit en même temps resserrer l'orifice vésical.

On trouve au dessous de ce muscle un lacis vasculaire fin et serré qui double la muqueuse cloacale, dans la région vésicale, et qui est remarquable par le pigment noir dont il est recouvert.

Les autres muscles du cloaque sont des abaisseurs.

1) **Muscle ischio-coccygien.** Nous appelons ainsi un muscle considérable fixé au fond de la rainure que forment par leur réunion les deux gros os du bassin et à l'épine située au devant de cette rainure. De ces points d'attache le muscle s'élève de chaque côté du rectum, de manière à l'embrasser étroitement et se fixe sur les côtés du coccyx et du sphincter anal (4, fig. 191 et 192. pl. XVIII et *m*. fig. 193 et 194. pl. XIX).

Ce muscle doit servir à ramener vers le bas l'extrémité du vestibule.

2) Les côtés du coccyx donnent attache à un muscle qui a pour usage d'abaisser l'extrémité de cet os; c'est le **coccy-fémoral de dugès** (3, fig. 191 et 192; *n*. fig. 193).

3) **Sphincter anal.** Il se voit derrière l'extrémité du coccyx (6, fig. 192). C'est un gros muscle annulaire qui entoure l'entrée du vestibule et qui est en partie recouvert, sur les côtés, par les fibres du muscle ischio-coccygien. Il s'attache en haut, par quelques fibres, à la partie cartilagineuse du coccyx et en bas à la partie supérieure de la rainure de l'ischion, derrière les fibres de l'ischio-coccygien. — Il doit tendre, comme le suivant, à tirer vers le bas la région anale, en même temps qu'il sert de sphincter.

4) **Abaisseur de l'anus.** De la partie inférieure du sphincter anal se détache un muscle triangulaire (5, fig. 191 et 192) dont les fibres se dirigent de haut en bas et d'avant en arrière. La base de ce muscle s'attache au sphincter lui-même et son sommet terminé en pointe se fixe à l'extrémité supérieure de la symphyse du bassin, par un tendon court (6, fig. 191; *c*. fig. 192) auquel viennent aussi aboutir les fibres du muscle rétracteur inférieur du cloaque (*b*. fig. 194). Ce tendon donne lui-même attache à une corde tendineuse qui descend sur la ligne médiane,

entre les cuisses, contourne la région inférieure du bassin et va se fixer en avant, près du point d'insertion des muscles de l'abdomen. Vers le milieu de son trajet cette corde tendineuse reçoit les fibres de deux muscles peauciers grêles, aplatis et disposés en travers (7, fig. 191 et c. fig. 194).

L'abaisseur anal, en tirant sur le sphincter, sert à porter en bas la paroi inférieure de l'anus et à entr'ouvrir cet orifice. Cette action est favorisée par la corde tendineuse dont je viens de parler. En effet, quand les cuisses son fortement écartées (et c'est la position que prennent les grenouilles pour déposer leurs oeufs ou leur laite), les muscles peauciers dirigés en travers tirent en sens contraire sur le tendon médian et agissent ainsi, par son intermédiaire, sur le muscle abaisseur de l'anus.

Les muscles que nous venons de décrire ont donc pour usage commun, à l'exception du sphincter anal, de tirer le cloaque en arrière, de porter l'anus en bas pour lui donner une direction horizontale, de tendre les parois du vestibule et d'élargir l'orifice de ce canal, afin de faciliter la sortie des produits qui doivent être expulsés; nous avons vu que le sphincter anal lui-même concourt en partie à cet ensemble de mouvements.

Article V.

Du vestibule génito-excrémentitiel dans le brochet mâle.

Pl. XIX et XX.

Le vestibule cloacal du brochet et de la plupart des poissons est réduit à des dimensions tellement minimes, qu'on peut le regarder à peu près comme nul.

L'anus s'ouvre à l'extérieur et il est entouré d'une rosette de plis formés par sa muqueuse (*i*. fig. 199 et *a*. fig. 201. pl. XIX). Derrière l'anus se voit un autre orifice circulaire peu profond (*k*. fig. 199) dont les bords se continuent avec la peau extérieure. Au fond de cet orifice on trouve, en avant, l'issue du canal déférent (*d*. fig. 201) et en arrière l'orifice de l'uretère commun (*e*). Derrière celui-ci existe un petit cul-de-sac peu profond (*f*).

On peut donc considérer le léger enfoncement qui renferme les orifices génital et urinaire, avec la fossette située en arrière de ce dernier, comme le représentant du vestibule génito-excrémentitiel des vertébrés ovipares, et en particulier de la seconde chambre (chambre antérieure) de ce vestibule. La cloison qui sépare le rectum de ce vestibule rudimentaire est garnie de gros plis longitudinaux assez saillants (*b*) sur les côtés desquels on aperçoit deux petits lobes cartilagineux couverts de quelques grains de pigment pâle. Si l'on soulève avec une aiguille le bord postérieure de la cloison recto-vestibulaire, on voit, sur la ligne médiane, une papille conique très-petite (*d*. fig. 201 et 204. pl. XX) qui appartient à la paroi inférieure (antérieure) du canal spermatique commun.

Examinons maintenant en particulier chacun des canaux qui aboutissent aux trois orifices dont nous venons de parler.

Le rectum arrivé tout près de sa terminaison se recourbe assez fortement en bas, en formant un coude très-sensibles, comme on le voit surtout dans la figure 208, pl. XX. La cavité de l'intestin se rétrécit à l'endroit où il commence à former ce coude (*b*. fig. 206) et sa muqueuse présente dans le trajet de cette portion rétrécie des plis longitudinaux saillants qui se continuent avec les plis de la cloison recto-vestibulaire. Cette extrémité du rectum est donc l'analogue de celle que nous avons vue dans le lézard et dans la grenouille; elle en a tous les caractères et n'en diffère que parceque elle s'ouvre immédiatement au dehors. Nous ferons aussi remarquer le coude que forme l'intestin, avant de se terminer à l'anus, coude qui existe déjà, quoique d'une manière moins sensible, chez le lézard et chez la grenouille.

Le canal génital qui résulte de la réunion des deux canaux déférents est situé, comme nous l'avons vu, au dessus du rectum auquel il adhère fortement; ses parois sont lisses ou marquées seulement de quelques rides longitudinales un peu avant sa terminaison (*b.* fig. 204). Ce tube se rétrécit en arrière et s'ouvre par un orifice assez étroit derrière la cloison rectale. C'est du bord antérieur de cet orifice que se détache la petite papille conique (*d*) dont nous avons déjà parlé. Elle est formée par un tissu spongieux composé de fibrilles enroulées et entrelacées d'une manière inextricable. L'aspect de ce tissu rappelle celui de la papille génitale du coq. De chaque côté de la papille génitale se voient deux plis lamelleux très-petits.

Le troisième canal dont il nous reste à parler est celui qui conduit au dehors les urines. Situé au dessus du précédent (fig. 203), il lui adhère fortement ainsi qu'aux parties voisines. Il est formé par la réunion des uretères au canal qui provient de la vessie urinaire.

La vessie urinaire (*e.* fig. 203; *f.* fig. 205) est une poche à parois fibreuses, allongée, cylindrique, très-extensible et contractile. Elle se resserre fortement après la mort et forme alors des rides nombreuses et des plis qui font saillie à l'intérieur. Située entre les renflements spongieux des canaux déférents et au dessus d'eux (fig. 202), cette poche se rétrécit en arrière en une espèce de col allongé qui se joint au canal provenant de la réunion des uretères. Le canal commun qui en résulte (*g'* fig. 203) très-large et plissé à son origine, diminue de diamètre en arrière; ce canal adhère fortement au tissu fibreux de la paroi abdominale ainsi qu'au tube génital; il s'ouvre derrière l'issue de ce dernier par un orifice beaucoup plus large (*e.* fig. 201). La muqueuse de cet uretère est tapissée par un épithélium en réseau dont les mailles ont jusqu'à 0,015 mm. de diamètre. De petits faisceaux musculaires provenant des muscles interépineux du dos (*q.* fig. 202) s'attachent à la membrane fibreuse (*p*) contre laquelle est collée la portion dilatée de l'uretère et la tirent en arrière et sur les côtés.

Muscles des orifices extérieurs. — Les muscles qui appartiennent aux orifices extérieurs que nous venons de décrire sont très-petits et doivent exercer une action bien faible sur ces orifices. Ces derniers sont entourés d'une peau épaisse doublée par un tissu fibreux très-résistant auquel adhèrent quelques muscles peauciers. Tous les faisceaux dont nous allons parler paraissent être des dilatateurs.

1) **Dilatateur antérieur de l'anus.** — Il existe en avant de l'anus quelques fibres musculaires qui proviennent de la masse des muscles abdominaux et s'attachent au bord antérieur de l'ouverture anale. Ces fibres adhèrent intimement à la peau sous-jacente et doivent servir, quoique faiblement, à tirer en avant le bord antérieur de l'anus.

2) **Dilatateur commun des orifices.** — De chaque côté de ce muscle médian se voit un petit muscle cylindrique (*l.* fig. 202 et 208), continuation de la longue bandelette musculaire qui se porte des os rudimentaires du basin à la queue (bandelette analogue, peut-être, à l'ischio-coccygien). L'extrémité de ce muscle est contenue dans une espèce de gaîne musculeuse sous-cutanée (*n*) et se termine par un tendon grêle (*m.* fig. 202) qui côtoie le bord des orifices anal, génital et urinaire en adhérent aux parois de ces orifices, et va s'attacher à un cartilage situé à la base des premiers rayons de la nageoire anale.

Ce muscle me paraît être un dilatateur des orifices; en effet, quand il se contracte, son tendon qui adhère à la gaîne dans laquelle il est renfermé tire en dehors les différents faisceaux de cette gaîne et élargit les ouvertures.

3) **Dilatateur postérieur du vestibule.** — Des fibres musculaires, qui se détachent en petit nombre de la base de la nageoire anale, se rendent à la paroi postérieure de l'orifice génito-urinaire et tirent cette paroi en arrière; elles servent donc à entr'ouvrir le vestibule.

4) **Dilatateur latéral du vestibule.** — Un faisceau un peu plus gros part du même point (*n.* fig. 208) et se porte sur les côtés du vestibule, pour tirer sa paroi en dehors et en arrière; c'est donc encore un dilatateur.

Tous ces muscles paraissent donc concourir à un seul et même acte, savoir l'élargissement de voies par lesquelles les produits doivent être portés au dehors.

Chapitre sixième.
De la sphère copulatrice dans les femelles.

Article I.
Des organes d'accouplement du lapin femelle.
Pl. X et XV.

Les organes d'accouplement se composent, dans la femelle du lapin, du vagin et de ses accessoires avec les muscles qui s'y rattachent.

Le vagin (fig. 102. pl. X) est un long tube musculeux, cylindrique, à parois très-extensibles, qui s'étend depuis l'embouchure des deux utérus jusqu'à une petite distance de l'orifice extérieur; il conserve à peu près le même diamètre dans toute sa longueur, excepté en avant de la symphyse pubienne où il est un peu dilaté.

Le canal de l'urèthre, dont l'orifice sert de limite entre le vagin proprement dit et la vulve, est assez long; il mesurait 5 centimètre dans notre individu; il marche parallèlement au vagin auquel il est uni par du tissu cellulaire et s'ouvre au côté inférieur de ce tube, un peu en avant de l'origine des corps caverneux, à 4 ou 5 centimètres de l'entrée de la vulve. Les parois de l'urèthre sont minces; elles acquièrent un peu plus d'épaisseur vers sa terminaison. Un peu avant son embouchure dans le vagin, il s'entoure d'un anneau musculeux et d'un plexus veineux assez épais qui lui est commun avec le vagin (fig. 152. pl. XV). Son orifice est marqué par un léger bourrelet auquel aboutissent les plis longitudinaux de la muqueuse vaginale; les bords de ce bourrelet s'effacent peu à peu en arrière. Le vagin proprement dit est muni intérieurement de plis longitudinaux qui règnent dans toute sa longueur, tandis que la portion du tube qui s'étend entre l'orifice de l'urèthre et l'extérieur (vulve) est lisse.

Le vagin, surtout dans sa portion antérieure, a des parois musculeuses très-denses, résistantes et composées des mêmes fibres que celles de la matrice. Il est entouré, au niveau du col de la vessie, dans une étendue de plus d'un centimètre, d'un plexus veineux composé de grosses veines entrelacées et disposées sur deux couches, dans l'épaisseur des fibres du sphincter vésical (fig. 152. pl. XV). Celui-ci est un muscle annulaire commun à l'urèthre et au vagin et qui embrasse le plexus vasculaire. Derrière le sphincter vésical et sur les côtés de la région dorsale se voient deux bandelettes musculeuses longitudinales (*m*. fig. 152) analogues à celles qui recouvrent les glandes de cowper dans les mâles; mais je n'ai trouvé aucune trace de ces glandes, ni de prostates.

Un peu plus en arrière le vagin est enveloppé par le grand muscle annulaire uréthro-rectal (*f*. fig. 152) dont la disposition générale est la même que chez le mâle. Seulement il s'attache à la partie intérieure de la symphyse et le long des racines des corps caverneux du clitoris, pour se porter sur les côtés du vagin et envelopper ensuite le rectum. Il doit agir surtout comme un constricteur du vagin.

La **vulve**, ou l'ouverture extérieure du tube génito-urinaire, est un orifice oblong situé au devant du rectum et formé par la continuation du vagin et par les replis de la peau. Celle-ci se réfléchit pour former d'abord deux replis extérieurs, les **grandes lèvres** (pl. X et fig. 153. pl. XV), dans les parois desquelles se trouvent des glandes sébacées de même forme et de même dimension que les glandes préputiales et inguinales du mâle (*g* et *h*. fig. 152). Cette peau recouvre ensuite la face antérieure (dorsale) du clitoris et lui forme une sorte de prépuce (*a*. fig. 153) au devant duquel on voit un espace triangulaire dégarni de poils. Le prépuce est pourvu d'un muscle rétracteur, comme le prépuce de la verge (*f*. fig. 152).

Les petites lèvres (*b.* fig. 153) sont deux autres replis plus intérieurs qui partent des côtés du clitoris, se dirigent en dehors et en arrière et se perdent sur les parties latérales de la vulve, à peu près au milieu de sa hauteur. Ces organes sont formés par une peau lâche, très-vasculaire et contenant probablement un tissu érectile.

Le clitoris (*c.* fig. 153 et *f.* fig. 154) est très-long et pourvu de deux corps caverneux aussi développés que ceux du mâle et disposés de la même manière; seulement ils sont plus aplatis. Ces corps caverneux sont séparés l'un de l'autre à leur face inférieure par une rainure très-sensible; en arrière ils se rétrécissent et se terminent par une petite lamelle arrondie qui fait saillie entre l'origine des petites lèvres. La peau du vagin sur les côtés du clitoris est parcourue, dans toute l'étendue de ce corps, par un plexus vasculaire très-riche, surtout en veines, et que l'on distingue souvent sans injection, quelque temps après la mort de l'animal; ce plexus est le représentant du corps spongieux de l'urèthre chez le mâle.

Article II.
Du vestibule génito-excrémentitiel de la poule.
Pl. XI.

La disposition extérieure et intérieure de ce vestibule ressemble beaucoup à celle du mâle. Nous y trouvons aussi deux grosses lèvres extérieures, deux lèvres internes et deux cavités intérieures, savoir un tube d'entrée et le cloaque proprement dit [*]. Les différences qu'il présente tiennent à la nature des canaux qui viennent y aboutir [**].

---

[*] M. Geoffroy St. Hilaire divise le cloaque en 3 zones tubulaires: la plus profonde, celle du rectum; l'intermédiaire, celle de la vessie; et l'externe, celle du vagin que cet auteur appelle bourse de copulation (Philos. anat. p. 365).

[**] Suivant M. Geoffroy les petites lèvres embrassent un clitoris chez les femelles; il prévient qu'il faut étudier ces parties sur le vivant pour avoir une idée exacte de leur forme (o. c. p. 368). — Je n'ai trouvé aucune trace de clitoris sur les poules que j'ai examinées.

La première chambre (*q.* fig. 112. pl. XI), celle qui fait suite à l'ouverture extérieure, est séparée de la suivante par un rebord saillant disposé en travers (*n*) et qui aboutit de chaque côté aux embouchures des oviductes. La paroi supérieure de ce tube d'entrée est marquée de gros plis longitudinaux qui se réunissent en avant, en décrivant un arc de cercle à concavité postérieure. C'est au fond de cette espèce de cintre qu'est située l'entrée de la bourse de fabricius. Dans plusieurs poules adultes cette entrée était oblitérée et cachée par une papille que recouvrait le pli circulaire. Dans une jeune poule, au contraire, il n'y avait point de papille, mais une large ouverture qui conduisait dans l'intérieur de cette poche glanduleuse.

La deuxième chambre (*o.* fig. 112), située au devant de la première et sur un plan inférieur à celle-ci, a la forme d'un large sillon transversal borné en arrière par le rebord saillant et plissé dont nous venons de parler et en avant par le rebord saillant et également plissé du rectum. C'est à l'extrémité gauche de ce sillon que s'ouvre l'oviducte gauche par un large orifice (*kk'* fig. 112) garni d'un bourrelet qui empiète à la fois sur les deux chambres, et qui appartient surtout à la paroi supérieure du cloaque, quoique les bords de ce bourrelet embrassent aussi une partie de la région inférieure.

Du côté droit se voit une fossette transversale assez large située derrière le rebord rectal (entre *m'* et *n'*) et au fond de laquelle s'ouvre l'oviducte rudimentaire, à peu près sur la même ligne que l'orifice de l'oviducte gauche. C'est aussi dans cette chambre que s'ouvrent les uretères, à sa paroi supérieure, à une assez grande distance l'un de l'autre et sur la même ligne transversale que les oviductes.

Au devant du bourrelet antérieur de ce second espace vestibulaire se trouve le rectum qui forme à sa terminaison une vaste poche entourée de son sphincter particulier, sphincter dont la saillie forme précisément le bourrelet dont il est question.

Les muscles du cloaque de la poule sont les mêmes que ceux du coq et disposés à peu près de la même manière.

De la bourse de fabricius.

La bourse de fabricius (*k.* fig. 73. pl. VI; fig. 157. pl. XV et fig. 158. pl. XVI) est une poche glanduleuse très-développée chez les jeunes oiseaux et rudimentaire ou même nulle chez les adultes et dont on ignore encore complètement les usages. Je l'ai trouvée également développée et ayant tout-à-fait la même structure dans un jeune coq et dans une jeune poule de l'année. Dans le coq (fig. 73. pl. VI) elle avait 21 mill. de longueur, 15 de largeur et 10 d'épaisseur. Un peu plus grosse dans la jeune poule (fig. 157. pl. XV) elle mesurait 27 millim. en longueur, 16 en largeur et 10 en épaisseur.

Sa forme est ovoïde, rétrécie en arrière en un court pédicule, arrondie en avant. Elle est située au dessus du rectum, sur la ligne médiane, entre les canaux déférents chez le mâle, entre l'oviducte gauche et le rudiment de l'oviducte droit, chez la femelle. Elle est maintenue collée contre le sacrum par des brides celluleuses très-résistantes.

Cette poche s'ouvre en arrière, à la paroi supérieure du cloaque, par un orifice assez large qui se voit au fond de la première chambre, au dessus du bourrelet transversal qui la sépare de la deuxième chambre (*t.* fig. 112. pl. XI). Quand on la distend par l'insufflation, on distingue, à travers ses parois, des bandes longitudinales granuleuses séparées par des bandes plus étroites, sans granulations. En l'incisant suivant sa longueur (fig. 158. pl. XVI), on voit qu'elle est garnie intérieurement de gros plis longitudinaux très-saillants, ayant de 4 à 6 millim. de hauteur; j'ai compté dans la bourse du mâle 15 de ces gros plis. Ces lobes longitudinaux formés par le plissement de la poche, sont composés d'une grande quantité d'utricules allongés (fig. 160), arrondis ou affectant plus ou moins la forme polygonale, par leur pression mutuelle. Les utricules avaient

1 mill. de longueur, sur ½ mill. de largeur; ils étaient rangés régulièrement les uns à côté des autres et présentaient sur leur face libre une fente linéaire (fig. 159). Ces utricules cylindriques sont développés dans l'épaisseur des parois de la poche et chacun d'eux est entouré d'une capsule membraneuse formée au dépens de la membrane commune. On voit très-bien cette disposition quand on pratique des coupes suivant l'épaisseur des parois; on distingue alors les ondulations de la membrane commune (*a.* fig. 160) et ses prolongements qui pénètrent entre les utricules pour les entourer. Ces prolongements membraneux adhèrent aux capsules, cependant il est assez facile d'énucléer ces dernières.

La membrane propre de la bourse de fabricius est de nature fibreuse et glanduleuse. Si l'on en examine une portion prise à la base d'un pli, on voit qu'elle est formée d'un tissu fibreux très-résistant, composé lui-même de fibres ondulées, finement entrelacées (fig. 162), du diamètre de 0,002 à 0,003 mm. Les cloisons très-minces que cette membrane envoie entre les utricules sont au contraire constituées par un tissu fibreux plus lâche que le précédent, recouvert de cellules polygonales granuleuses qui mesurent 0,005 à 0,007 mm. et forment une sorte d'épithélium.

Les utricules ouverts suivant leur longueur ont un aspect finement granuleux. Sous un plus fort grossissement (400 diamètres), les grains qui les composent sont des corpuscules irréguliers renfermant des grains plus petits (fig. 161); des corpuscules semblables, isolés, remplissent la cavité de l'utricule et se répandent sur la plaque de verre quand on ouvre l'utricule; leur diamètre est de 0,002 à 0,003 mm.

Cet examen nous apprend que la bourse de fabricius est un organe évidemment très-glanduleux. Les utricules doivent sécréter un produit abondant dont nous ne connaissons pas les usages. Mais cette fonction, quellequ'elle soit, n'est que temporaire, puisque la bourse de fabricius s'oblitère déjà dans un âge peu avancé.

On a émis des opinions très-diverses sur la nature de ce singulier organe. Fabricius ab Aquapendente qui l'a découvert le regarde comme une bourse copulatrice destinée à recevoir la semence du mâle *). Perrault **) la compare aux glandes anales des mammifères; Tiedemann ***) et beaucoup d'autres auteurs se rangent de cet avis. Blumenbach ****) émet une autre opinion: il regarde cet organe comme particulier au mâle, sous le rapport des fonctions qu'il exerce, tandis qu'il n'existe chez les femelles que comme analogue. E. Geoffroy St. Hilaire †) compare la bourse de fabricius à l'utérus et aux vésicules séminales des mammifères, à cause de sa position. Barkow ††) la décrit dans un grand nombre d'oiseaux, mais sans rien dire de ses usages. Enfin M. Berthold †††) a publié en 1829 un travail spécial sur cet organe, travail dans lequel, après avoir discuté les opinions des auteurs sur les usages de cette poche, il la regarde comme la vessie urinaire des oiseaux.

Il est difficile de se reconnaître au milieu de toutes ces opinions contradictoires. Cette difficulté provient surtout de ce que, dans la détermination d'un organe, on a égard exclusivement, tantôt à sa forme ou à ses connexions, tantôt à sa structure et à ses usages. Un même organe peut changer de fonction; dans ce cas, si l'on n'envisageait que ses usages, on se tromperait infailliblement sur sa détermination. Ainsi la vessie natatoire des poissons qui représente, à notre avis, le poumon des autres vertébrés, ne fonctionne plus comme poumon, mais devient un organe hydrostatique ou concourant à l'audition.

La bourse de fabricius ne saurait être regardée comme un réservoir séminal, puisqu'elle existe à un même degré de développement dans les

---

*) Opera omnia; Lipsiae 1687.
**) Mém. de l'Acad. des sciences, Tom. 3. P. 2. p. 310.
***) Zoologie, Tom. 2. p. 467; Heidelberg 1810.
****) Vergleichende Anatomie; Göttingen 1815, p. 487.
†) Philos. anatom., p. 370 et Bulletin philom. 1822.
††) Meckel's Archiv, 1829.
†††) Nov. Act. phys. med. Tom. XIV. 2, p. 905.

deux sexes et qu'elle s'atrophie chez les adultes. Est-elle une vessie urinaire ou une glande anale? Sous le rapport de sa structure on est forcé de la regarder comme une glande; tandis que, pour sa position, elle rappelle assez bien la vessie urinaire des poissons, celle du brochet, par exemple.

M. Berthold a fait l'observation intéressante que, dans les oiseaux d'eau, elle est plus développée et disparaît plus tard que dans les autres oiseaux (loc. cit. p. **911**). Il affirme avoir trouvé dans son intérieur un liquide analogue à l'urine; et cependant il parle aussi de sa structure glanduleuse. Si, comme le croit M. Berthold, cet organe est une vessie urinaire, pourquoi cette vessie s'atrophie-t-elle dans l'âge adulte?

Ce n'est pas ici le lieu de nous étendre davantage sur cette question. Si nous considérons la bourse de fabricius morphologiquement, nous pourrons nous ranger de l'avis de Geoffroy St. Hilaire; sa forme et sa structure, les mêmes dans les deux sexes, s'expliqueraient par l'analogie qui existe aussi entre les autres parties du cloaque de l'oiseau. Si nous avons plus particulièrement égard aux connexions, nous pourrons la comparer à une vessie urinaire, quoique nous doutions qu'elle en remplisse jamais les fonctions. Si, enfin, nous recherchons quels peuvent être ses usages, nous reconnaîtrons, sans nous occuper de ses analogies, que c'est un organe transitoire, comparable, sous le rapport de ses fonctions seulement, au thymus et aux capsules surrénales des mammifères.

Article III.

Du vestibule génito-excrémentitiel du lézard femelle.
Pl. XIII, XVI, et XVII.

Le cloaque du lézard femelle a la même forme générale que celui du mâle. Il s'ouvre de même au dehors par une fente transversale composée d'une lèvre antérieure et d'une lèvre postérieure très-serrées l'une contre l'autre. La première envoie en dedans un repli qui forme de chaque côté une petite lèvre intérieure longitudinale pliée en deux suivant sa longueur, quand les lèvres extérieures sont rapprochées (*b.* fig. 168. pl. XVI et *c.* fig. 170). Ces deux lèvres internes qui sont les mêmes que celles de la poule et qui rappellent les petites lèvres des femelles des mammifères, sont plus apparentes dans les femelles de lézards que dans les mâles, à cause de l'absence des rigoles des verges.

Sur les côtés de chaque lèvre interne se trouve un cul-de-sac qui semble au premier abord être l'orifice d'un canal, mais au fond duquel on ne distingue aucune ouverture (*l.* fig. 168 et *b"* fig. 169). On voit seulement, en employant un grossissement assez fort, de très-petits orifices qui répondent aux glandes vestibulaires situées au dessous. Chaque cul-de-sac se prolonge en arrière en une rainure qui se termine au fond de la fente transversale de l'entrée du vestibule.

Ces deux culs-de-sac sont-ils les orifices extérieurs des canaux péritonéaux? c'est ce que je n'ai pu constater.

Au delà des lèvres internes se voit la première chambre ou chambre postérieure, rétrécie et plissée longitudinalement (*d.* fig. 170. pl. XVII), puis la chambre antérieure ou cloaque proprement dit, avec ses deux ampoules latérales séparées l'une de l'autre par une cloison médiane incomplète, très-épaisse et recouverte d'une muqueuse fortement plissée (*g.* fig. 171). Le bord des ampoules est entouré de lamelles saillantes plus prononcées que dans le mâle (*f*). C'est entre chaque ampoule et le côté correspondant de la cloison médiane qui les sépare que s'ouvrent les oviductes, par un orifice étroit et entouré de plis (*f.* fig. 170 et *c.* fig. 169. pl. XVI). C'est aussi sur les côtés de la cloison, mais plus en arrière, que s'ouvrent les uretères.

La région inférieure du cloaque présente en avant l'orifice du rectum disposé comme chez le mâle et en arrière, à une très-petite distance, l'orifice de la vessie (fig. 170). Cette région inférieure est séparée de la supérieure, comme dans le mâle, par le rebord saillant de la paroi supérieure de l'orifice rectal.

La muqueuse du cloaque, celle des ampoules et des lamelles qui les bordent et celle de la cloison médiane forment de gros plis recouverts de lobes muqueux épais disposés en petits mamelons ou en paquets irréguliers. Ces paquets sont composés eux-mêmes d'une infinité de petits granules vésiculeux réunis en amas arrondis qui ressemblent à des cellules granuleuses.

Les muscles du cloaque (pl. XIII. fig. 125, 126 et 127) sont disposés comme chez le mâle; seulement il existe quelques différences nécessitées par l'absence des organes copulateurs.

Nous retrouvons en avant de la lèvre antérieure les deux muscles releveurs de cette lèvre, mais le second releveur, celui qui s'attache immédiatement à la lèvre, est moins fort que chez le mâle et placé plus obliquement (fig. 125. pl. XIII). Le releveur médian (p. fig. 125) existe de même et il se détache d'un muscle qui représente le muscle vaginien. En effet, l'analogue de ce dernier est une bandelette musculeuse située sur les côtés de la région inférieure de la queue, sous la peau, entre l'adducteur fémoral et les muscles de l'épine. Ce muscle se porte en dedans et en avant, vers la commissure des lèvres, et se divise, tout près de cette commissure, en deux faisceaux; le faisceau antérieur contourne la lèvre antérieure pour s'attacher à sa partie moyenne (ll' fig. 127), c'est le releveur médian; le faisceau postérieur (q. fig. 125 et 126) se glisse comme dans une coulisse entre les fibres du muscle constricteur des lèvres. Quand ce dernier faisceau agit avec son congénère, il tire fortement en arrière la lèvre postérieure et son action s'étend sur tous les points de cette lèvre, en même temps que la lèvre antérieure est relevée par le faisceau précédent; ce faisceau est donc un rétracteur de la lèvre postérieure.

Le muscle constricteur des lèvres (r. fig. 125) est disposé comme chez le mâle; il recouvre aussi deux glandes vestibulaires, mais plus petites (u. fig. 126).

Les deux ischio-coccygiens (t) sont devenus superficiels et s'attachent à la peau, par suite de l'absence des verges; ils ont d'ailleurs la même disposition que chez le mâle.

Article IV.

Du vestibule génito-excrémentitiel de la grenouille femelle.

Pl. XVIII et XIX.

Le cloaque des grenouilles femelles a la même forme et la même disposition que celui des mâles. Il se compose donc d'une première portion vestibulaire ou tube de sortie ($d.$ fig. 186. pl. XVIII et $b.$ fig. 198. pl. XIX) dont la muqueuse est marquée de plis longitudinaux, et d'une seconde portion un peu plus large que la première, très-courte et dont la muqueuse est lisse ($c.$ fig. 186 et 198). Cette seconde chambre est limitée en avant par le bourrelet rectal que forment les gros plis de cet intestin; en arrière elle se confond bientôt avec le tube de sortie.

La vessie s'ouvre, comme chez le mâle, par un large orifice ovalaire, à la paroi inférieure du vestibule ($e.$ fig. 198). La paroi supérieure de ce dernier présente, sur la ligne médiane, derrière le bourrelet rectal, deux papilles ovalaires mamelonnées, quelquefois pédiculées, le plus souvent sessiles, ordinairement couvertes d'un pigment noir, surtout à l'époque du frai et même déjà en automne ($b.$ fig. 186). C'est au sommet de ces papilles que s'ouvrent les utérus par deux orifices longitudinaux rapprochés l'un de l'autre et dont la fente est presque linéaire ($a.$ fig. 187).

Immédiatement derrière ces papilles se voient deux autres orifices plus petits situés sur les côtés d'un pli de la muqueuse (b): ce sont les embouchures des deux uretères.

L'intérieur du rectum est disposé comme chez le mâle, c'est à dire que la muqueuse de l'intestin, d'abord très-mince, s'épaissit pour former les gros plis de sa portion valvulaire ou terminale. Celle-ci, plus étroite (*f.* fig. 198), est comprise entre deux bourrelets, un antérieur ou intestinal et un postérieur ou vestibulaire.

Quant aux muscles du vestibule, ils sont les mêmes et ils ont la même disposition que dans le mâle.

Article V.
Du vestibule génito-excrémentitiel du brochet femelle.
Pl. XIX.

La disposition des orifices extérieurs dans les femelles est identiquement la même que celle que nous avons décrite chez le mâle.

En avant le rectum, après s'être coudé, s'ouvre par un orifice garni de plis en rosette (*i.* fig. 200). Derrière lui se trouve le pore génital (*k*) au fond duquel on voit, en avant, l'orifice de l'oviducte commun et, en arrière, l'orifice de l'uretère.

La cloison recto-vestibulienne est garnie de gros plis longitudinaux en partie recouverts par les deux lobes cartilagineux tachetés de pigment que nous avons mentionnés chez le mâle. Enfin derrière l'uretère on distingue aussi une dépression en forme de cul-de-sac peu profond qui rappelle le cul-de-sac ou l'ampoule du vestibule des lézards (*l.* fig. 200).

Je n'ai pas trouvé de différence dans le nombre ni dans la force des muscles disposés autour de ces parties.

Article VI.
Résumé comparatif des parties qui constituent la sphère externe des organes génitaux dans les deux sexes.

Nous résumerons dans un seul article le parallèle que nous avons à établir entre les animaux vertébrés des deux sexes, relativement à la composition de la portion terminale de leurs appareils génital et excrémentitiel, attendu que les différences sexuelles sont ici de peu d'imporlance et que nous aurions été conduit à des répétitions inutiles, si nous avions consacré un article aux organes de chacun des deux sexes.

Ce parallèle n'est pas sans difficulté; il a exercé, il y a déjà longtemps, la sagacité d'un esprit éminemment philosophique, du célèbre Geoffroy, qui a publié successivement plusieurs mémoires sur ce sujet *) et qui a exposé ses idées dans son ouvrage remarquable intitulé philosophie anatomique. Il n'est pas facile, en effet, de reconnaître, au premier abord, dans un oiseau et encore moins dans un poisson, les parties analogues à celles qui constituent les organes sexuels d'un mammifère. Cependant, en procédant par voie d'analyse et en observant la disposition de ces parties dans certains types intermédiaires, on parvient encore assez bien à démontrer cette analogie et à expliquer la différence qu'on rencontre dans la série des vertébrés. Pour procéder avec méthode, il convient de suivre, comme l'a fait M. Geoffroy, les conduits génitaux, urinaires et intestinal jusqu'à leur terminaison et de les comparer entre eux, sous ce rapport, dans les différents types; on arrivera, de cette manière, non seulement à trouver les analogies, mais aussi à montrer comment ces organes se simplifient ou se dégradent successivement.

Nous avons vu, dans le lapin mâle, les canaux conducteurs du liquide séminal verser leur produit à l'entrée d'un tube chargé plus particulièrement de conduire l'urine (urèthre). Ce tube, à son origine, est entouré d'un sphincter qui retient l'urine dans son réservoir; plus loin, ses parois deviennent spongieuses, très-vasculaires, érectiles, et il s'unit à un organe particulier également érectile, fibreux, très-résistant (corps caverneux), pour constituer un appareil susceptible d'acquérir la tension et la solidité nécessaires à la copulation (organe d'accouplement ou verge). Le

---

*) Considérations générales sur les organes sexuels des animaux à grande respiration et circulation (Mém. du Muséum, Tom. IX, p. 393, 1822). — Composition des appareils génitaux, urinaires et intestinal, à leurs points de rencontre dans l'autruche et le casoar (ibid. p. 438). — Sur les organes sexuels de la poule (ibid. Tom. X, p. 57, 1823).

tube de sortie sert donc ici à deux usages: il conduit l'urine au dehors, c'est là sa fonction habituelle; il transmet dans l'intérieur des organes femelles le produit de la sécrétion des testicules, c'est là sa fonction transitoire.

Le large canal destiné à l'expulsion des matières fécales (rectum) est situé au dessus du canal génito-urinaire; il en reste séparé dans toute son étendue et il s'ouvre au dehors par un orifice situé derrière l'orifice du conduit précédent (anus). Son extrémité terminale est entourée d'un large sphincter en avant duquel s'accumulent les foeces.

Dans le lapin femelle, même disposition des voies génitale et urinaire, d'une part, et de la voie stercorale de l'autre. Seulement ici c'est le tube urinaire qui paraît venir à la rencontre du tube génital, puisque l'urèthre s'ouvre dans un point très-reculé de ce dernier. Le tube génital a pris une extension et une prépondérance considérables; il se divise naturellement en deux parties, l'une étendue depuis l'embouchure des oviductes incubateurs (matrices) jusqu'à l'orifice de l'urèthre (canal uréthro-sexuel ou vagin), l'autre qui va de ce dernier orifice à l'ouverture extérieure (vestibule ou vulve). Cette dernière portion est l'analogue de la portion terminale de l'urèthre du mâle qui se place sous les corps caverneux pour former la verge. Les plis longitudinaux de la muqueuse au pourtour de l'orifice de l'urèthre servent assez bien à marquer la limite entre les deux portions de ce long tube.

Ce type que présente le lapin dans la disposition et dans les rapports de ses trois voies d'excrétion est celui que l'on rencontre dans l'immense majorité des mammifères.

Quelques-uns cependant, parmi les mammifères normaux, ont l'anus et la vulve situés au fond d'une poche que l'on pourrait regarder comme un commencement de cloaque (plusieurs carnivores et quelques rongeurs, le castor entre autres). Mais malgré la présence de cette fosse commune, les mêmes rapports entre les deux orifices persistent toujours.

Le premier degré d'acheminement vers un autre type nous est offert par l'ornithorhynque, ce singulier mammifère ovipare ou ovovivipare qui a longtemps été et qui est encore aujourd'hui un sujet d'études pour les naturalistes.

Ici le rectum n'arrive plus jusqu'au niveau de l'orifice sexuel, il s'ouvre dans le canal génito-urinaire lui-même, à sa face dorsale, et il n'y a plus au dehors, dans les deux sexes, qu'un seul orifice commun pour donner issue aux trois produits.

Les rapports de la vessie avec les uretères n'existent plus, le réservoir est séparé des tubes excréteurs; ceux-ci viennent aboutir au canal uréthro-sexuel commun (l'analogue de l'urèthre). Cette disjonction est même tellement marquée, que les tubes génitaux (canaux déférents et utérus) débouchent avant les uretères dans le canal excréteur commun *). Cette séparation d'un canal excréteur de son réservoir est un fait remarquable de dégradation; il indique un état d'infériorité dans le développement et il nous montre déjà dans les mammifères une disposition que nous retrouvons dans les ovipares proprements dits. Ce n'est pas seulement dans l'ornithorhynque qu'on observe cette embouchure de l'uretère en dehors de la vessie; M. de Blainville l'a montrée aussi dans un phalanger **). Or, c'est cette disposition que l'on rencontre et que nous avons montrée avec évidence dans le lézard et dans la grenouille. Chez ces animaux, comme chez l'ornithorhynque, nous voyons les uretères (mâles et femelles de lézards, femelles de grenouilles) s'ouvrir derrière l'orifice des canaux déférents ou de l'oviducte.

Remarquons encore que dans les femelles de monotrèmes et de didelphes, de même que dans celles des tardigrades et des édentés, la

---

*) Voyez surtout, sous ce rapport, les figures publiées par Geoffroy St. Hilaire (Mém. du Mus. Tom. XV. pl. 1. fig. 6 et 7) et par M. de Blainville (Nouv. Ann. du Mus., Tom. II. pl. 12. fig. 1).

**) Nouv. Ann. Mus. II. pl. 12. fig. 2.

vessie s'ouvre très en arrière, près de la matrice, au fond d'un long vestibule. Déjà dans la femelle du lapin, l'un des mammifères normaux le moins avancé dans son développement, comme le fait voir, par exemple, le dualisme de son utérus, nous trouvons l'orifice urinaire situé assez loin en arrière.

On voit donc dans certains mammifères les orifices génitaux et urinaires se concentrer autour d'un petit espace; c'est ce qui a fait dire avec raison que le vagin proprement dit, ou la partie du tube commun comprise entre l'orifice de l'urèthre et celui de la matrice, manque dans les monotrèmes; c'est le canal de l'urèthre lui-même qui en tient lieu, ou plutôt c'est un autre canal commun à l'urine et au produit de la génération, en un mot le canal uréthro-sexuel. Ce tube conserve encore la longueur qui le caractérise dans les mammifères, longueur si remarquable déjà dans le lapin.

Les monotrèmes présentent encore dans la composition de leur organe d'accouplement, chez le mâle, une particularité remarquable. Cet organe est perforé, comme celui des mammifères normaux, mais le canal très-étroit qui le parcourt est destiné uniquement à conduire le liquide séminal; l'urine au contraire sort par l'orifice commun. La verge n'a plus conservé de sa double fonction que celle qui lui appartient en propre et qui est relative à la fécondation.

Voilà donc plusieurs points de vue sous lesquels les monotrèmes diffèrent des mammifères normaux, mais qui permettent cependat de retrouver le plan général d'organisation de ces animaux: le raccourcissement du rectum et sa fusion avec le canal génito-urinaire, à une petite distance de l'orifice de ce canal; la disjonction de la vessie urinaire et des canaux excréteurs des reins; l'orifice de la poche urinaire très-reculé en avant et rapproché de l'orifice génital; la composition de la verge qui n'est plus destinée qu'à la transmission du liquide séminal.

Examinons maintenant les ovipares proprement dits, ou du moins ceux d'entre eux qui ont un véritable cloaque (oiseaux, reptiles, batraciens et sélaciens parmi les poissons). Ils forment un type qui semble différer entièrement du type des mammifères. L'ouverture extérieure commune aux trois voies génitale, urinaire et stercorale conduit dans un espace plus ou moins élargi dans lequel on rencontre les embouchures des canaux excréteurs des reins et des glandes génitales; l'embouchure du rectum se trouve un peu plus en avant et sur un plan inférieur, il n'y a plus en général d'organe particulier d'accouplement.

Voilà pour les différences en général. Mais si nous examinons avec quelque attention les rapports et la composition de ces parties, nous verrons comment elles se rattachent au type normal par leur disposition même et par l'existence, dans un assez grand nombre d'ovipares, d'une verge ou de deux verges canaliculées et destinées à conduire le liquide fécondateur dans les organes de la femelle.

Les tubes génitaux (canaux déférents et oviductes) s'ouvrent à la face supérieure d'un tube commun, dans un enfoncement assez profond (lézard, poule) ou superficiel (grenouilles). L'orifice des canaux urinaires, quand il ne se confond pas avec l'orifice génital, comme cela a lieu dans le mâle de la grenouille, se voit derrière le précédent (lézards, grenouilles femelles) ou en dedans et un peu en avant (poule et coq).

Cette position relative des deux orifices génitaux et urinaires dans le lézard et dans la grenouille est identiquement la même, comme nous l'avons dit plus haut, que celle que l'on observe dans les monotrèmes et dans le phalanger et probablement aussi dans les autres didelphes. C'est un point de rapprochement à ajouter à beaucoup d'autres entre l'ornithorhynque et les reptiles, plutôt qu'entre ce monotrème et les oiseaux.

L'espèce de poche ou de cul-de-sac qui renferme les orifices en question est toujours séparée du rectum par une cloison transversale saillante, faible à la vérité dans la grenouille, très-prononcée au contraire dans le lézard et dans les oiseaux; mais cette poche présente une différence assez sensible suivant qu'on l'étudie dans les oiseaux ou dans les autres ovipares, comme déjà nous venons de voir que les rapports entre les orifices ne sont pas les mêmes.

Dans les oiseaux en effet (coq et poule), nous la trouvons limitée par deux bourrelets, véritables sphincters, l'un antérieur, le sphincter rectal, l'autre postérieur analogue sans doute au sphincter vésical des mammifères. Dans les autres ovipares au contraire (lézard, grenouille), il n'existe qu'un seul sphincter, celui du rectum; la poche n'est séparée du vestibule commun situé derrière elle que par un rebord saillant de la muqueuse, dans le lézard; cette partie, dans la grenouille, est située sur le même plan que le vestibule et s'en distingue à peine par une différence d'aspect de sa muqueuse.

On trouve chez les sélaciens une disposition analogue à celle des oiseaux; l'espace génito-urinaire est aussi limité en avant et en arrière par un repli.

Comment expliquer cette différence? — Remarquons d'abord que les oiseaux n'ont pas de vessie urinaire; rappelons-nous ensuite que dans certains cas de tératologie, le rectum vient s'ouvrir dans ce réservoir [*]) et que cette disposition, toute singulière qu'elle est, existe pendant la vie embryonaire [**]). Cet état anormal ou transitoire devient normal et permanent chez les oiseaux: le rectum s'ouvre dans leur vessie urinaire

---

[*]) Philosophie anatomique; pl. VI. fig. 8, 9 et 10. — Dans un agneau dérodyme décrit par M. Joly, l'uretère aboutissait non à la vessie, mais dans une espèce de cloaque formé par le rectum (Comptes-rendus; Tom. 20, p. 458).

[**]) M. Coste fait remarquer que, dans les premiers temps, la couche interne ou intestinale de l'allantoïde, l'ouraque et la vessie forment un tout continu en relation avec la portion terminale du rectum, ce qui fait, dit-il, que les mammifères peuvent être considérés comme ayant un cloaque à l'état transitoire (Ovologie du Kanguroo, dans Annales fr. et étrang. d'Anat. Tom. II, p. 27).

M. de Baer avait déjà exprimé le même fait: „In solchen frühzeitigen Embryonen ist auch, wie in den Vögeln, eine wahre Kloake, indem aus dem hintersten Darmende der Harnsack sich hervorgestülpt hat." (Entwickelungsgeschichte der Thiere. Tom. 2. 1837. pag. 220).

et il faut regarder avec M. Geoffroy, comme représentant ce réservoir, la poche transversale située immédiatement derrière le rectum et encore munie de son sphincter.

Dans les oiseaux le rectum s'est donc réuni plus tôt au tube génito-urinaire que dans les monotrèmes; il s'est abouché à ce tube dès l'instant où ils se sont trouvés en contact; voilà pourquoi les deux canaux sont placés à peu près sur une même ligne, à la suite l'un de l'autre. La vessie s'est rétrécie considérablement, le canal uréthro-sexuel s'est raccourci de son côté et enfin les deux cavités se sont confondues en une seule.

Dans les autres ovipares (lézards, grenouilles) la vessie urinaire reparaît à sa place ordinaire (paroi inférieure du tube commun); mais elle semble avoir changé de destination et être devenue, du moins dans les batraciens et dans les tortues, un organe accessoire de respiration. Le canal uréthro-sexuel reste toujours très-raccourci et le rectum s'ouvre à l'extrémité antérieure de ce canal, comme il s'ouvrait tout-à-l'heure à l'extrémité de la vessie. C'est pour cette raison qu'il n'existe plus de sphincter proprement dit derrière la fossette génito-urinaire.

Nous croyons donc que l'on peut, à l'aide des considérations que nous venons d'exposer, se rendre compte de la disposition du rectum et des voies génitales et urinaires dans les ovipares supérieures; nous allons chercher à expliquer l'arrangement des mêmes parties chez les poissons.

Mais auparavant, faisons encore remarquer combien était fausse l'idée qu'on se faisait autrefois du cloaque, que l'on regardait en quelque sorte comme le rendez-vous des matières fécales, de l'urine et du produit de la génération. Les foeces sont retenues dans la dilatation que subit le rectum au devant de son sphincter et celui-ci est toujours très-puissant, puisqu'il détermine la formation de plis considérables de la muqueuse et que ces plis longitudinaux forment même quelquefois un bourrelet saillant dans l'intérieure du tube rectal (lézard). Les urines sont versées dans une cavité indépendante de celle qui contient les foeces et ce n'est qu'avant d'être épanchées au dehors qu'elles s'unissent aux matières fécales, mais sans se mélanger avec elles. Quant aux produits de la génération, ils ne sauraient jamais se confondre avec les précédents, parceque leur émission n'est que temporaire.

Nous avons déjà indiqué plus haut que les sélaciens, parmi les poissons, ont leurs organes génito-urinaires disposés à leur terminaison à peu près comme chez les oiseaux. Mais il n'en est pas de même de l'immense majorité des poissons. Ceux-ci présentent un troisième type qui diffère des deux types précédents. Les trois voies d'excrétion s'ouvrent de nouveau au dehors par deux orifices distincts et séparés l'un de l'autre, comme chez les mammifères; mais ces orifices sont disposés en sens inverse, c'est à dire que l'anus est en avant, tandis que l'ouverture génito-urinaire est en arrière.

Pour comprendre cette anomalie apparente, rappelons d'abord en peu de mots ce qu'il y a d'essentiel dans la disposition et dans les rapports des trois tubes excréteurs, à leur terminaison.

Le rectum se coude vers le bas et se termine par une extrémité rétrécie en deça de laquelle s'amassent les matières fécales. Le tube génital, dans les deux sexes, celui qui résulte de la réunion des deux canaux déférents ou des deux oviductes, vient s'ouvrir tout près de la surface, et c'est aussi au même niveau que s'ouvre le canal excréteur de l'urine. Cependant ces deux orifices sont entourés d'un repli cutané qui constitue une fossette peu profonde. Remarquons encore les gros plis longitudinaux qu'on observe à la surface de la cloison de séparation entre le rectum et la fossette précédente et la dépression qui existe derrière l'orifice de l'uretère.

Reportons-nous maintenant à ce que nous avons vu chez le lézard.

Le rectum, au lieu de se diriger en arrière s'incline vers le bas; la cloison qui le sépare de la chambre génito-urinaire est marquée de gros plis; cette chambre reçoit l'orifice génital et l'orifice urinaire placés l'un au devant de l'autre et le fond de cette chambre présente, en avant, un cul-de-sac assez profond. Imaginons une section transversale qui passerait immédiatement en arrière du rectum et supposons que celui-ci ait percé l'enveloppe du corps pour s'ouvrir à l'extérieur, nous aurons à peu près la disposition qui existe dans le brochet.

On peut donc très-bien, ce me semble, se rendre raison de tout cet arrangement dans les poissons : le rectum s'est raccourci dans l'ornithorhynque et s'est réuni à la voie génito-urinaire; il s'est raccourci davantage dans la poule et s'est placé bout-à-bout avec la vessie; il s'est placé, chez le lézard et la grenouille, à l'orifice antérieur du canal uréthro-sexuel, mais ici se manifeste de nouveau la tendance de l'intestin à s'ouvrir au dehors pour se débarrasser de son contenu, puisque son orifice s'incline vers le bas; dans les poissons le vestibule a entièrement disparu, le canal uréthro-sexuel est réduit à un état extrêmement rudimentaire, le rectum se retrouve indépendant et il s'abouche au dehors par la voie la plus courte, en sorte que l'anus devient antérieur.

Les poissons se trouvent donc, sous ce rapport, à un degré de développement bien inférieur à celui des reptiles, puisque toute la partie qui précède les orifices excrémentitiels et génitaux a disparu presque entièrement.

Nous venons de suivre la disposition et les rapports des trois grandes voies d'excrétion dans les animaux vertébrés et nous avons montré comment ces rapports se modifient, tout en conservant des traces du plan général d'après lequel ils ont été formés *). Il nous reste à dire quelques mots sur les organes d'accouplement, organes qui ne sont nécessaires qu'autant que la fécondation doit avoir lieu avant la ponte.

---

*) On remarquera, en lisant ce chapitre, que tout en faisant ressortir l'analogie des parties qui constituent la sphère externe des organes génitaux, nous avons montré aussi comment ces organes se dégradent dans la série des vertébrés. Si nous avons plus insisté sur l'analogie que sur la marche de la dégradation, c'est que celle-ci est évidente et que c'est précisément cette dégradation rapide qui rend l'analogie difficile à démontrer. (Note ajoutée.)

Ces organes consistent essentiellement, du côté du mâle, en un corps susceptible d'acquérir de la raideur par l'afflux du sang qui vient remplir le tissu caverneux dont il se compose, et, du côté de la femelle, en un tube (le vestibule ou vagin) destiné à le recevoir.

La verge n'existe à l'état de développement complet que chez les mammifères normaux. Dans les monotrèmes elle a perdu une partie de ses fonctions, celle de conduire l'urine, mais elle a conservé sa fonction essentielle. On la retrouve dans quelques oiseaux et dans tous les reptiles proprement dits, avec la disposition nécessaire à la transmission du fluide séminal (un canal ou une rainure). Il existe aussi chez les sélaciens des organes particuliers d'accouplement, mais construits sur un plan spécial. Dans les salamandres, parmi les batraciens, et chez les poissons ordinaires, la verge n'est plus représentée que par un tubercule. La verge a donc laissé des traces de son existence chez tous les vertébrés. Dans son état de dégradation elle n'est plus qu'une papille dont la structure spongieuse rappelle encore la composition essentielle de l'organe arrivé à son entier développement.

Il en est de même du clitoris, cet organe des femelles qui répète si exactement la verge des mâles. On le retrouve en général dans les animaux dont les mâles sont pourvus de ce dernier organe ou qui n'ont même qu'une simple papille; cependant sa présence est moins constante que celle de la verge.

Enfin nous signalerons un dernier degré de ressemblance, mais qui ne s'applique qu'à certains animaux pourvus d'un cloaque: c'est l'analogie de composition des lèvres qui garnissent l'entrée du vestibule chez les oiseaux et chez les reptiles. Dans ces deux groupes nous voyons un rebord extérieur composé de deux parties et un rebord intérieur plus mince, paraissant érectile, composé de deux replis longitudinaux qui rappellent les petites lèvres des mammifères. La disposition de ces replis est la même dans les deux sexes, ce qui ne doit pas nous surprendre, car il existe déjà une grande ressemblance dans la forme des parties, chez certains mammifères, animaux qui sont pourvus d'organes extérieurs d'accouplement (lapin); à plus forte raison l'analogie devra-t-elle être plus grandes lorsque ces organes extérieurs viendront à manquer *).

Quatrième partie.

Résumé général. Parallèle entre les organes génitaux considérés dans leur ensemble; marche de leur dégradation; application à la classification des vertébrés.

Nous avons exposé dans des résumés particuliers les principaux traits de ressemblance qui existent entre les diverses parties dont se compose l'appareil génital de l'un et de l'autre sexe, sous le rapport de la forme, des connexions, de la composition et de la structure; et plusieurs fois, dans ces résumés, nous avons eu l'occasion de signaler les différences que présente cet appareil relativement à son degré de perfection dans les divers groupes de vertébrés.

Ces résumés partiels nous dispenseront d'entrer dans de nouveaux détails; nous nous bornerons donc maintenant à faire ressortir, d'une manière générale, l'analogie de composition des organes génitaux considérés dans leur ensemble; nous indiquerons la marche de leur dégradation et nous terminerons par quelques considérations sur le parti qu'on peut tirer, pour la classification, des caractères que fournissent ces organes.

Les organes sexuels considérés dans leur ensemble constituent un appareil de sécrétion très-remarquable, composé de glandes et de con-

---

*) Burdach fait observer, dans sa physiologie, que moins un animal est élevé en organisation, plus son clitoris ressemble à la verge.

duits excréteurs, mais dont les produits offrent un caractère exceptionnel et tout spécial, puisque ces produits sont destinés à agir l'un sur l'autre de manière à concourir à la formation d'un nouvel être, sans que l'on soit encore parvenu à découvrir la part que prend chacun d'eux à cette formation.

Leur structure est essentiellement la même : ce sont des follicules clos (capsules des oeufs, capsules spermatiques), ou bien des utricules également fermés ou enfin des tubes plus ou moins longs, ouverts à l'une de leurs extrémités. Ces capsules, ces utricules ou ces tubes sont doués d'une force plastique très-énergique. La membrane granuleuse qui constitue essentiellement les ovaires produit d'une manière incessante les follicules ovigères, les nourrit, les développe, jusqu'à ce que ces follicules, arrivés à leur maturité, se soient ouverts pour verser au dehors le produit de leur propre sécrétion. De même les follicules, les utricules ou les tubes spermatiques sont composés d'une membrane plastique de laquelle se détachent sans cesse les capsules génératrices des spermatozoïdes.

Les vaisseaux sanguins toujours très-abondants qui se répandent dans le tissu de ces glandes ovariennes ou spermatiques, forment dans leur intérieur ou à leur surface un réseau très-serré dont les mailles enlacent les éléments formateurs, afin de leur fournir le sang nécessaire à l'exercice de leur fonction.

Les produits de ces glandes, quoique de nature différente, se ressemblent par leur mode d'origine ; les ovules, comme les spermatozoïdes, naissent dans des capsules, et les uns comme les autres peuvent être considérés comme des cellules vivantes, comme des fragments détachés de l'organisme et jouissant d'une vie indépendante, quoique subordonnée toutefois, à l'être dont ils font partie.

Voilà pour l'analogie générale de composition des glandes génératrices.

Si maintenant nous les comparons entre elles pour étudier leurs principales différences, nous verrons que ces dernières portent surtout sur les éléments formateurs et sur leur arrangement pour constituer la glande. Dans les femelles ces éléments sont toujours des follicules; dans les mâles nous rencontrons des follicules, des utricules et des tubes. Or, on sait que les follicules clos constituent la forme la plus élémentaire des glandes; nous devrons donc regarder comme les plus parfaites les glandes génératrices composées de tubes et ne mettre qu'en seconde et en troisième ligne celles qui contiennent des utricules ou des follicules. D'après ces données les organes sécréteurs du mâle seront plus parfaits que ceux de la femelle, et, parmi les mâles des vertébrés, nous rangerons sous ce rapport dans une première catégorie les mammifères, les oiseaux, les reptiles, puis viendront les poissons et en troisième lieu seulement les batraciens.

Sous le point de vue des arrangements des éléments formateurs, ceux du mâle n'offrent pas de différence, ils sont toujours agglomérés en masse compacte; mais ceux de la femelle sont tantôt réunis en une masse très-dense fibro-granuleuse (mammifères, oiseaux), tantôt étalés en une membrane plus ou moins ample, mais toujours très-mince (reptiles, batraciens, poissons).

Les canaux excréteurs des glandes génératrices ne sont continus avec ces glandes que dans le mâle; ils en sont toujours séparés dans les femelles, nouvelle preuve de l'infériorité relative de ces dernières. Leur forme et leur disposition générales sont les mêmes et ils présentent, comme on sait, dans les deux sexes, la plus grande conformité, malgré la différence de leurs usages. Ce ne sont pas seulement des organes conducteurs; ils sont aussi le siège d'une sécrétion particulière très-abondante chez les femelles, parceque le produit de cette sécrétion est destiné au développement de l'ovule, mais qui existe aussi chez le mâle, comme on peut en juger par la structure de l'épididyme et du canal déférent; ici, le produit de la sécrétion a sans doute pour usage de modifier et de perfectionner le liquide séminal. La structure des canaux excréteurs indique assez leur double fonction: intérieurement ils sont tapissés par une muqueuse quelquefois très-épaisse (oviducte sécréteur des oiseaux), extérieurement ils sont entourés d'une tunique fibreuse contractile destinée à transmettre au dehors le produit de la sécrétion des glandes génitales. Ajoutons que les canaux des femelles, quand la fécondation a lieu avant la ponte, sont en outre chargés de conduire le liquide séminal vers les ovules que ce liquide est appelé à féconder.

Les différences que présentent les organes conducteurs sont relatives, chez le mâle, à leur étendue et à leur indépendance et, chez la femelle, à leur rapport plus ou moins étroit avec l'ovaire, à leur concentration plus ou moins grande en longueur ou en largeur et à leur étendue, sans compter d'autres différences relatives à leur usage spécial.

C'est chez les mammifères que les canaux excréteurs du mâle ont le plus d'étendue, sans contredit, comme on le voit par les nombreux replis de leur épididyme et par la longueur du tube redressé (canal déférent proprement dit). Dans les oiseaux, les reptiles et sélaciens parmis les poissons, les canaux excréteurs sont non seulement beaucoup moins longs, mais en outre ils manquent de leur portion redressée ou celle-ci est tout-à-fait rudimentaire. Chez les poissons ordinaires les tubes excréteurs ont un caractère tout différent qui les rapproche plutôt du plexus séminal (rete testis) des mammifères que d'un véritable canal déférent; en sorte que ces animaux, ainsi que nous l'avons exprimé, seraient privés de toute la portion de l'appareil située au delà du plexus séminal. Dans quelques poissons enfin, on ne trouve plus aucune trace de canal excréteur propre; il ne reste que la glande chargée de la sécrétion (anguilles, lamproies, myxines).

Sous le rapport de leur indépendance, nous voyons que, dans tous les vertébrés, les canaux excréteurs du mâle tendent à s'unir aux canaux excréteurs des glandes urinaires, mais cette union n'a lieu que très-tard dans les mammifères, les oiseaux, les reptiles ordinaires et les poissons; tandis que chez les batraciens anoures elle se fait au contraire dans les reins eux-mêmes. Or on sait que la division du travail, c'est à dire la séparation, l'isolement des organes affectés à une fonction déterminée est en raison du degré de perfection de ces organes, ou, si l'on veut, du rang plus ou moins élevé qu'occupe l'animal. Nous devrons donc considérer comme une infériorité réelle cette fusion permanente des organes génitaux et urinaires que présentent les batraciens anoures et placer ces animaux, sous ce rapport, même après les poissons.

La comparaison des canaux conducteurs des glandes génératrices des femelles nous permet aussi de les classer suivant leur degré de perfection. Nous avons vu que leurs rapports avec l'ovaire, et conséquemment leur tendance à constituer avec lui une glande complète, sont assez étroits dans quelques mammifères (carnivores), puisque leur pavillon entoure l'ovaire et lui forme une véritable poche. Dans les autres mammifères une des extrémités du pavillon seulement reste adhérente à la glande (lapin). Chez les oiseaux et les reptiles il n'y a plus d'adhérence entre la glande et le pavillon proprement dit, mais celui-ci est muni d'un mésentère élastique qui lui permet de s'étendre et de s'appliquer momentanément autour de l'ovaire. Enfin chez les batraciens tout rapport, même transitoire, avec l'ovaire, cesse; les orifices des oviductes en sont très-éloignés et sont retenus d'une manière fixe à leur place. Les sélaciens, qui ont un véritable oviducte, se rapprochent, sous ce rapport, des batraciens plutôt que des oiseaux. Nous ferons remarquer une coïncidence assez curieuse qui existe entre la position de l'orifice ovarien du canal conducteur et le mode de fécondation. Quand celle-ci a lieu avant la ponte, l'orifice de l'oviducte est rapproché de l'ovaire; il en est éloigné au contraire, ou le canal même n'existe pas, quand il n'y a pas d'accouplement (grenouilles, poissons). Dans les salamandres, chez lesquelles la fécondation est intérieure, le fluide séminal ne va pas jusqu'à l'ovaire; il agit sur les oeufs qui sont arrivés préalablement dans l'oviducte, ce qui rentre dans le cas précédent.

Nous avons dit que les canaux conducteurs des ovaires présentent des différences sous le rapport de leur coalescence. Ils sont en effet toujours distincts et séparés dans les ovipares; ce n'est que chez les mammifères que nous les trouvons réunis, dans une partie de leur étendue. Cependant certains mammifères, les didelphes et les monotrèmes, ont ces canaux séparés jusqu'à leur terminaison, et nous retrouvons même cette séparation chez plusieurs mammifères normaux (le lapin, par exemple). Ce n'est donc que dans les mammifères supérieurs que nous voyons les canaux conducteurs se réunir d'abord en travers, à quelque distance de leur terminaison, pour former la poche qu'on a désignée sous le nom d'utérus et qu'on a coutume de distinguer, dans les descriptions, des deux portions des oviductes restées séparées (cornes de l'utérus); puis nous trouvons une concentration dans le sens de la longueur, en même temps que les canaux en entier se raccourcissent, pour ne plus former (quadrumanes et bimanes) qu'une poche assez petite aux angles antérieurs de laquelle s'insèrent les tromps de fallope.

Cette coalescence des oviductes est une preuve de supériorité; nous en trouvons la démonstration dans l'étude du développement des animaux et même dans la comparaison des animaux à l'état parfait. Il suffit de rappeler les belles considérations que M. Milne-Edwards a déduites de ses observations sur la disposition du système nerveux des crustacés, relativement à la coalescence des parties de ce système *).

L'étendue des canaux conducteurs des glandes femelles varie surtout en raison de leurs fonctions comme on le voit par leur développement dans les oiseaux, dans les sélaciens et dans les femelles des batraciens anoures. De même que les canaux du mâle, ils sont rudimentaires chez la plupart des poissons et manquent complètement chez ceux dont les testicules sont privés de canaux excréteurs.

---

*) C'est le contraire de ce qu'on observe pour la coalescence ou la fusion d'organes destinés à accomplir des fonctions différents, comme nous venons de le rappeler pour les tubes genitaux et urinaires; cette sorte de fusion est une marque d'infériorité.

Les canaux excréteurs des glandes génitales, à la manière de ceux des autres glandes, en général, ne versent pas immédiatement leur produit au dehors. A peu d'exceptions près (poissons normaux), ce produit arrive dans un tube intermédiaire chargé de le transmettre à l'extérieur, tube qui a en outre pour objet, dans les femelles d'un grand nombre d'animaux, de recevoir l'élément fécondateur du mâle, pour le porter jusqu'à l'ovaire. C'est ce tube qui constitue, avec ses accessoires, la sphère externe des organes génitaux.

Nous avons vu dans l'article précédent les rapports que présentent les différentes parties de cette sphère soit entre elles, soit avec les organes voisins. Nous ne pourrions guère, sans nous exposer à des répétitions, résumer de nouveau ces rapports. Nous nous bornerons à rappeler quelques points essentiels, relativement aux ressemblances et aux différences de ces parties.

1) Le tube plus ou moins long auquel aboutissent les canaux excréteurs est analogue chez les mâles comme chez les femelles, mais ses usages varient suivant les sexes. Dans les mâles il conduit habituellement l'urine et temporairement le fluide séminal; chez les femelles il conduit le produit de la génération et l'urine; de plus, dans les animaux qui s'accouplent et dont les mâles sont munis d'une verge complète (mammifères) il offre une largeur suffisante pour recevoir cet organe et sa structure lui permet de se développer encore davantage pour donner passage au fœtus.

2) Les orifices des voies génito-urinaires d'une part, et de la voie stercorale de l'autre, sont toujours distincts et séparés; le rectum étant constamment garni d'un sphincter qui force les matières fécales à séjourner dans sa cavité. C'est surtout dans ce caractère, l'indépendance des voies excrémentitielles, que nous trouvons une grande analogie chez les animaux vertébrés.

3) Les organes d'accouplement se répètent dans les deux sexes. Le clitoris des mammifères remplace la verge; il est muni, comme elle, d'un

double corps caverneux; il est doublé d'une couche vasculaire disposée en plexus qui rappelle le corps spongieux de l'urèthre et celui-ci est remplacé par la portion la plus extérieure du vagin. L'existence des organes d'accouplement n'est pas générale, mais on en retrouve des traces dans tous les vertébrés et ces organes, même à l'état de simple papille (brochet), conservent encore dans leur structure cet aspect spongieux qui rappelle la structure des corps caverneux.

Les différences que présentent les organes de la sphère externe, différences qui permettent de les classer d'après leur degré de perfectionnement, portent principalement sur les rapports des orifices des trois voies excrémentitielles et plus particulièrement sur la position du rectum.

En effet: 1) Nous voyons le rectum s'arrêter dans son développement longitudinal, à quelque distance de l'orifice extérieur du tube génito-urinaire, et s'ouvrir dans ce tube, en conservant encore sa position dorsale (monotrèmes); puis nous le voyons s'arrêter encore plus tôt, à son point de contact avec la vessie urinaire, et s'ouvrir dans cette vessie elle-même; celle-ci est réduite à des dimensions rudimentaires qui lui font perdre ses caractères de réservoir proprement dit; le rectum, par l'effet même de cette réduction, apparaît à la face ventrale du corps (oiseaux). En troisième lieu la vessie reprend sa position abdominale, le rectum s'ouvre dans le tube génito-urinaire (canal uréthro-sexuel, chambre antérieure du cloaque) et commence à se courber vers la région inférieure du corps (reptiles, batraciens).

2) D'un autre côté il s'opère bientôt une disjonction remarquable entre les canaux excréteurs des reins et le réservoir vésical; les uretères s'ouvrent dans le canal uréthro-sexuel derrière l'orifice génital; ces orifices avec celui de la vessie se concentrent dans un petit espace; mais en même temps le tube excréteur commun (canal uréthro-sexuel et vestibule) conserve encore une grande longueur (phalangers, ornithorhynque).

3) Dans d'autres animaux (oiseaux, reptiles, batraciens), ce tube se raccourcit, le canal uréthro-sexuel est confondu avec la vessie (oiseaux),

ou existe indépendant de cette poche (reptiles, batraciens); le vestibule s'en distingue nettement par sa disposition et par la nature de sa muqueuse.

4) Enfin dans les poissons ordinaires le raccourcissement du même tube augmente encore, au point d'être réduit à des dimensions tout à fait rudimentaires; les deux orifices (génital et urinaire) toujours rapprochés l'un de l'autre, quelquefois confondus, sont tout près de la surface extérieure, et le rectum, qui affectait déjà, chez les reptiles, de la tendance à s'ouvrir au dehors, a percé la paroi inférieure du corps, de manière à montrer son issue (anus) au devant de l'ouverture génito-urinaire.

La dégradation est donc évidente et elle porte, en résumé, sur trois points: l'arrêt de développement du rectum, la disjonction des uretères et de la vessie et le raccourcissement du tube excréteur commun.

Récapitulons maintenant toutes ces différences et voyons comment les organes génitaux s'échelonnent dans la série des vertébrés, relativement à leur degré d'importance.

1) Les mammifères normaux commenceront cette série, parceque c'est chez ces animaux que les organes de la génération ont attient leur plus haut degré de développement. Les glandes spermatiques, en effet, sont complètes; elles sont composées de tubes très-longs et d'un plexus séminal très-serré, destiné à l'élaboration de la semence; leurs canaux excréteurs sont très-longs; ils ont un organe d'accouplement très-développé et saillant, le plus souvent, à l'extérieur. Chez les femelles on trouve des ovaires compactes, des conduits excréteurs unis étroitement à ces glandes, ces conduits le plus souvent soudés entre eux vers leur terminaison et plus ou moins concentrés en une poche unique, impaire (l'utérus); un long tube qui sert de canal excréteur et d'organe d'accouplement et un organe particulier situé à l'entrée de ce tube et qui répète exactement la verge du mâle. Dans l'un et dans l'autre sexe, le rectum est parvenu à son entier développement et s'ouvre à l'extérieur derrière l'orifice sexuel. La vessie reçoit les uretères et cette poche s'ouvre, dans

la femelle, à une distance considérable de l'orifice des canaux excréteurs (orifice utérin).

2) Après les mammifères normaux viendront les monotrèmes, à l'organisation desquels conduisent déjà les didelphes. Ici nous retrouvons à peu près la même composition des organes sécréteurs et la même disposition des canaux excréteurs; seulement ces derniers, chez les femelles, restent toujours séparés. Mais la vessie s'ouvre immédiatement dans le tube génito-urinaire, les uretères s'arrêtent dans ce tube et ne vont plus jusqu'à leur réservoir habituel; le rectum n'arrive plus jusqu'au dehors, il s'ouvre dans le canal commun; enfin la verge n'est plus percée pour l'écoulement de l'urine, mais seulement pour la transmission du liquide séminal. La longueur du tube génito-urinaire et la position dorsale du rectum sont encore des caractères qui rattachent les monotrèmes aux mammifères normaux.

3) Nous trouvons en troisième ligne plusieurs groupes qui se rapprochent beaucoup les uns des autres et qu'il est, pour cette raison, difficile de classer, tels sont les oiseaux, les reptiles propres, les sélaciens.

Ils diffèrent des animaux du groupe précédent par la position plus avancée du rectum et par le raccourcissement du tube cloacal. Comparés entre eux ils offrent peu de différences. Cependant la glande du mâle est composée de tubes dans les oiseaux et les reptiles et de vésicules dans les raies et les squales, ce qui place ces sélaciens sur un rang inférieur; la glande de la femelle est plus complexe chez les oiseaux et se rapproche beaucoup plus de l'ovaire des mammifères; les rapports entre l'ovaire et l'oviducte sont plus étroits dans les deux premiers groupes que dans le dernier; et enfin la position du rectum qui s'ouvre dans la vessie urinaire (oiseaux) nous paraît aussi être due à un état de développement plus avancé que lorsque cet intestin s'ouvre directement dans le canal uréthrosexuel (reptiles). En combinant ces différences, nous voyons qu'on peut laisser ces trois groupes de vertébrés dans l'ordre suivant lequel nous les avons indiqués.

4) Un quatrième degré, dans la dégradation des organes reproducteurs, nous est offert par les batraciens. La composition de leurs testicules formés d'utricules clos et de tubes (grenouilles), ou de vésicules et d'utricules seulement (tritons); la position de l'orifice antérieur de l'oviducte très-éloigné de l'ovaire, la fusion permanente des canaux excréteurs mâles avec les canaux urinaires, l'extrême petitesse de leur canal uréthro-sexuel qui a presque disparu, sont des motifs plus que suffisants pour leur assigner un rang inférieur.

5) Enfin les poissons normaux seront sur la dernière ligne de cette échelle comparative. Leurs testicules, dans la plupart, sont à la vérité composés de tubes et leurs ovaires sont quelquefois formés de lames épaisses qui ont une sorte de ressemblance avec les lames ovariennes des oiseaux; mais là s'arrête la perfection de leur appareil, tout le reste est dans un état remarquable de dégradation. Leurs canaux excréteurs sont rudimentaires ou nuls et le canal uréthro-sexuel, déjà si peu développé dans les grenouilles, disparaît complètement ainsi que le vestibule; enfin le rectum ne s'unit plus à l'appareil génital, il s'ouvre au dehors avant d'avoir opéré cette jonction.

Les poissons n'ont donc plus conservé de cet appareil génital si compliqué dans les vertébrés supérieurs que sa partie essentielle, celle qui est chargée de la sécrétion, de même que pour d'autres appareils, pour celui de l'oreille, par exemple, il ne leur est resté que la partie indispensable à l'exercice de la fonction.

Nous remarquerons encore que les genres de poissons chez lesquels les organes génitaux se sont le plus simplifiés ont éprouvé, même dans leurs organes sécréteurs, une sorte de dégradation: leurs testicules ne sont plus composés de tubes, mais de simples vésicules closes, rudiments de tout organe sécréteur (anguilles, lamproies, myxines).

Application à la classification des vertébrés. — On sait que pour arriver à une bonne classification des animaux, deux opérations principales sont indispensables: il faut d'abord former des groupes naturels, c'est à dire réunir les êtres d'après leurs affinités, puis disposer ces groupes suivant un certain ordre, en ayant égard à l'importance relative des caractères qui ont servi à les établir.

Les groupes sont formés d'après des caractères extérieurs et intérieurs afin de réunir le plus grand nombre d'affinités possible; cette première opération exige donc la connaissance précise des êtres que l'on veut classer. La seconde opération est plus difficile, parcequ'elle demande une appréciation exacte des caractères relativement à leur importance et parceque la subordination est toujours relative à la nature du groupe que l'on étudie, c'est à dire que la même disposition organique ne pourra pas servir de base à l'établissement de groupes différents; tel caractère qui sera dominateur dans un cas ne sera plus que subordonné dans un autre.

On tombe suivant nous dans une grande erreur quand on prend un seul et même système organique pour base de la distribution d'un groupe en groupes secondaires; c'est ainsi, par exemple, que les naturalistes qui veulent classer les mammifères uniquement d'après leur système nerveux, sont conduits nécessairement à réunir dans un même groupe les insectivores, les rongeurs et les chauvessouris, à cause de la ressemblance de leur cerveau.

On commettrait une erreur semblable si l'on voulait n'employer que les organes génitaux pour la distribution des animaux vertébrés. Les organes génitaux, comme les autres appareils, devront fournir des bases de classification; il s'agit de savoir apprécier les circonstances dans lesquelles on devra préférer les caractères tirés de ces organes à ceux que pourront donner d'autres appareils; il s'agit, en un mot, de ne pas oublier que la méthode naturelle classe les êtres d'après l'ensemble de leurs rapports et non d'après tels ou tels rapports isolés.

On peut d'ailleurs se régler sur le nombre et la nature des modifications qu'un appareil est susceptible d'éprouver; car il est certain qu'on ne saurait représenter un groupe par un caractère qui ne se retrouverait plus dans les divisions de ce groupe.

Les détails anatomiques dans lesquels nous sommes entré nous font voir que les organes génitaux présentent, dans les animaux vertébrés, un certain nombre de types généraux facilement reconnaissables à l'extérieur et qui sont en rapport avec de modifications intérieures.

Ces types généraux sont:

I. Deux ouvertures extérieures, l'orifice génital en avant, l'anus en arrière (mammifères normaux).

II. Une seule ouverture extérieure. Ce type se subdivise lui-même en deux groupes moins étendus:

1) Dans la première de ces deux sous-divisions, l'organe mâle d'accouplement est percé d'un canal pour la transmission du liquide séminal seulement et le rectum est dorsal (monotrèmes).

2) La seconde sous-division comprend les vertébrés à orifice génito-excrémentitiel unique chez lesquels les organes d'accouplement proprement dits manquent le plus souvent et ne se trouvent plus qu'à l'état rudimentaire et qui présentent un rectum inférieur ou ventral (oiseaux, reptiles, batraciens, sélaciens).

III. Deux ouvertures extérieures, comme dans le premier type, mais anus en avant et orifice génito-urinaire en arrière; pas de cloaque proprement dit (poissons normaux).

Ces types organiques sont liés à des modifications intérieures que nous avons fait connaître, ils s'appliquent à des groupes bien déterminés, on devra donc en tenir compte et les comprendre parmi les autres caractères qui représentent les groupes auxquels ils appartiennent. Mais il est de toute évidence qu'ils ne pourront pas suffire à eux seuls, parce qu'ils nous conduiraient à séparer ce qui doit être réuni ou à réunir au contraire des groupes qui doivent rester séparés. Ainsi les monotrèmes, quoique n'ayant qu'une ouverture extérieure, sont des mammifères, puisque les femelles ont des glandes mammaires pour allaiter leurs petits; et, d'un autre côté, les sélaciens sont des poissons, malgré l'affinité que leurs organes génitaux présentent avec ceux des oiseaux et des reptiles.

Il faut donc, pour diviser convenablement les animaux vertébrés, chercher d'autres caractères plus généraux que ceux qui nous sont fournis par les organes reproducteurs. Les groupes transitoires ne devront pas nous arrêter. De ce que l'ovaire des tortues rappelle celui des oiseaux, de ce que plusieurs parties de l'appareil génital des squales et des raies les rapprochent aussi des oiseaux et des reptiles, de ce que, enfin, on trouve, dans les monotrèmes, plusieurs points de contact avec ces derniers animaux, ces circonstances ne sont pas des raisons suffisantes pour détacher ces groupes transitoires des autres groupes auxquels ils appartiennent et pour leur assigner une place à part. On sait très-bien que certaines formes organiques se répètent dans des types différents; c'est précisément cette circonstance qui rend impossible la disposition des animaux en série linéaire et qui fait préférer aujourd'hui les classifications en séries parallèles.

Nous nous bornerons à ces considérations, pour ne pas dépasser les limites d'un mémoire déjà peut-être trop étendu.

Nous avons étudié en détail les formes, la disposition et la structure des différentes parties qui composent l'appareil génital mâle et femelle des animaux vertébrés, en faisant l'anatomie spéciale d'un animal pris pour type de chaque classe; nous avons comparé entre elles ces différentes parties et nous avons fait ressortir leurs analogies, malgré les modifications profondes qu'elles ont éprouvées.

Les études anatomiques jettent un grand jour sur la zoologie et en constituent la base fondamentale, puisque c'est l'anatomie qui nous révèle en grande partie la nature des animaux et que c'est cette nature que nous cherchons à connaître; mais elles ont encore un autre résultat non moins important, car elles seules nous initient, en quelque sorte, à la pensée du créateur, en nous montrant, par l'examen comparatif des formes et de la structure organiques, l'**Idée** toute-puissante qui a présidé à la composition de cet ensemble merveilleux qu'on appelle organisme.

Explication des planches.

Planche I.

Fig. 1. Testicule de lapin développé et grossi deux fois. Les vaisseaux sanguins seuls ont été injectés; les canaux séminifères ont été laissés dans leur état naturel.

a a. Lambeaux de l'albuginée détachés de la surface du testicule et réclinés en dehors.

b. Substance du testicule composée d'un grand nombre de lobules. On voit que ces derniers convergent vers le rete testis; ils ont été séparés pour mieux montrer ce plexus séminifère.

c. Plexus séminal ou rete testis avec les ductuli recti qui viennent y aboutir.

d. Canaux séminifères efférents au nombre de sept, formant les cônes seminifères qui se réunissent successivement à un canal excréteur commun.

e. Portion de la tête de l'épididyme développée.

f. Deuxième partie de ce même renflement non développée.

g. Corps rétréci de l'épididyme.

h. Queue du même organe en partie développée.

h'. Portion de cette queue entièrement déroulée.

h". Continuation de la queue de l'épididyme à moitié développée. On voit que les circonvolutions du tube deviennent plus rares et plus grosses; on distingue aussi les cloisons interlobulaires formées par l'enveloppe fibreuse.

i. Canal déférent.

k. Plexus pampiniforme.

l. Artère du testicule; elle est un peu écartée à droite de sa position naturelle; elle envoie en avant un vaisseau qui pénètre dans la profondeur de la glande.

Fig. 2. Couche externe de l'albuginée du testicule (250 diamètres).

Fig. 3. Sa couche interne (même grossissement).

Fig. 4. Tunique propre d'un canal séminifère; on n'a laissé que quelques vésicules épithéliales adhérentes à ses parois (300 diam.).

Fig. 5. Tunique propre de l'épididyme recouverte de son épithélium (150 diam.).

Fig. 6. Contenu des canaux séminifères de la surface du testicule (250 diam.).

Fig. 7. *A.* Spermatozoïdes extraits du canal déférent.
B. Capsules spermatiques du même canal (500 diam.).

Fig. 8. Tissu de l'albuginée du coq avec de nombreux débris de noyaux (400 diam.).

Fig. 9. Groupe de canaux séminifères de la surface du testicule (8 diam.).

Fig. 10. Un canal séminifère ouvert et grossi 200 fois;
a. Membrane amorphe de ce tube.
b. Capsules granuleuses adhérentes à cette membrane et formant son épithélium.

Fig. 11. Spermatozoïdes d'un coq adulte extraits du canal déférent (1200 diam.); *a.* le corps; *b.* la queue du spermatozoïde.

Fig. 12. Contenu du testicule d'un jeune coq (700 diam.).
a. Vésicules élémentaires douées de mouvement.
b. Capsules spermatiques.
c. Vésicules graisseuses.

Fig. 13. Couche externe fibreuse de l'albuginée du lézard (400 diam.).

Fig. 14. Couche interne granuleuse de la même membrane (400 diam.).

Planche II.

Fig. 15. Testicules d'un coq domestique adulte, injectés et grossis deux fois.
a. Testicule gauche; *a'.* testicule droit.
b. Extrémité postérieure de l'épididyme.
c. Capsules surrénales.
d. Veine cave.

e e'. Artère aorte.
f. Tronc coeliaque.
g. Artère mésentérique supérieure.

Fig. 16. Testicule de lézard avec son épididyme injectés et grossis 2 fois, pour montrer la distribution des vaisseaux sanguins.

Fig. 17. Testicule, épididyme et canal déférent d'un lézard, grossis 2 fois.
  a. Testicule dont on a détaché l'albuginée.
  b. Lambeaux de l'albuginée.
  c. Bride péritonéale qui fixe le testicule à la gaîne du canal déférent.
  d. Epididyme ; sa membrane fibreuse a été enlevée.
  e. Extrémité déroulée de l'épididyme.
  f. Commencement du canal déférent.

Fig. 18. Anastomose de deux conduits séminifères fortement grossis.

Fig. 19. Contenu des canaux séminifères du testicule.
  A. Spermatozoïdes (800 diam.).
  B. Capsules spermatiques (400 diam.).
  C. Corpuscules framboisés (400 diam.).
  D. Vésicules graisseuses.

Fig. 20. Testicules d'une grenouille rousse injectés par les veines.
  a. Reins.
  b. Testicules.
  c. Portion basilaire des appendices adipeux ; ceux-ci ont été coupés.
  d. Lobule graisseux qui apparaît comme une végétation du bord postérieur du testicule.
  e. Veine spermatique.

Fig. 21. Réseau vasculaire de la tunique albuginée du testicule de la grenouille. Les mailles de ce réseau sont remplies par les extrémités borgnes des utricules séminifères (6 diam.).

Fig. 22. Coupe verticale du testicule montrant les tubes séminifères corticaux rangés parallèlement les uns aux autres (2 diam.).

Fig. 23. Autre coupe dans laquelle on voit les utricules corticaux et les canaux du centre (2 diam.).

Fig. 24. Portion d'un tube séminifère ouverte et grossie 100 fois.
  a. Membrane prope du tube.
  b. Epithélium composé de vésicules adhérentes.

Fig. 25. Contenu des tubes séminifères des testicules d'une jeune grenouille verte prise en septembre (400 diam.).

$a'\ a'$. Spermatozoïdes.

$b'\ b'$. Plusieurs capsules spermatiques de différente grosseur, ne contenant encore qu'un petit nombre de granules vésiculeux.

Fig. 26. Contenu du testicule d'une grenouille rousse adulte prise en octobre.

a. Spermatozoïdes grossis **1000** fois.

b. Les mêmes représentés plus grossis (**1400** fois) pour montrer la hauteur de la queue.

c. Faisceau de spermatozoïdes.

d. Agglomération de vésicules formant un globule framboisé, hérissé de spermatozoïdes; les vésicules qui composent le globule paraissent être les corps des spermatozoïdes à l'état rudimentaire.

Fig. 27. Portion de testicule d'un triton crêté montrant les grosses vésicules granuleuses (follicules spermatiques) contenues dans les capsules membraneuses hexagonales que forme l'albuginée (8 diam.).

Fig. 28. Contenu du testicule d'un triton.

A. Faisceau de spermatozoïdes implantés autour du corps granuleux *a* (100 diam.). Les boucles se forment dans l'eau, sous les yeux de l'observateur.

B. Un spermatozoïde grossi **200** fois. La vibration des bords donnait à l'oeil l'apparence de très-petits corpuscules cheminant dans la direction des flèches.

C. Capsules spermatiques (200 diam.).

Fig. 29. Portion injectée de testicule de brochet destinée à montrer le réseau vasculaire répandu à sa surface et dans les mailles duquel sont enchâssées les extrémités de canaux séminifères (2 diam.).

Planche III.

Fig. 30. Portion de testicule de brochet (3 diam.).

a. Surface de la glande encore recouverte de son albuginée.

b. Celle-ci coupée pour mieux montrer les canaux sous-jacents.

c. Tronc commun de plusieurs canaux qui se réunissent en palmure vers le bord dorsal du testicule, avant de s'ouvrir dans le canal déférent *d.*

Fig. 31. Membrane albuginée du même vue par sa face interne.

a. Cordon des mailles que forment les vaisseaux.

- b. Extrémités borgnes des canaux séminifères qui se logent dans ces mailles (12 diam.).
- Fig. 32. Tissu fibreux de l'albuginée (400 diam.).
- Fig. 33. Un canal séminifère ouvert (200 diam.).
  - a. Vésicules adhérentes (épithélium).
  - b. Membrane propre du tube.
- Fig. 34. Spermatozoïdes; a. grossis 1000 fois; b. l'un d'eux plus grossi et dessiné immédiatement après la mort.
- Fig. 35. Ovaire et trompe de fallope de lapin injectés et grossis 2 fois (l'utérus était en gestation).
  - a. Ovaire. On a enlevé une partie de sa surface pour montrer la teinte uniforme que présente son tissu propre, par suite de l'injection de ses veines, tandis que l'albuginée est restée blanche.
  - b. Follicule de graaf encore enchâssé dans le stroma, quoiqu'il fasse déjà saillie à l'extérieur; on voit les vaisseaux répandus à sa surface.
  - c. Ligament de l'ovaire qui se continue avec le mésomètre.
  - d. Pavillon de la trompe avec son ouverture et son extrémité adhérente à l'ovaire.
  - e. Portion recourbée et dilatée de la trompe de fallope.
  - e'. Portion rétrécie de la trompe; elle était droite et non pas flexueuse comme dans les individus dont l'utérus se trouvait à l'état de vacuité.
  - f. Bourrelet qui entoure l'orifice de la trompe dans l'utérus.
  - g. Commencement de l'utérus ouvert; on voit les plis sinueux de sa muqueuse.
  - h. Mésentère de la trompe.
  - i. Un oeuf fixé entre les deux branches recourbées de la trompe et ne tenant qu'à des vaisseaux sanguins.
  - k. Veine ovarienne résultant de la réunion de veines de l'ovaire et de celles du pavillon et de la trompe.
- Fig. 36. Tissu fibreux de l'albuginée de l'ovaire (400 diam.).
- Fig. 37. Portion du tissu de l'ovaire grossie 7 fois et montrant un follicule de graaf ouvert.
  - a. Tissu fibro-granuleux de l'ovaire.
  - b. Enveloppe fibro-granuleuse du follicule.

c. Membrane granuleuse formant une couche assez épaisse en dedans de cette enveloppe. Les deux couches se distinguaient facilement l'une de l'autre à cause de la coloration bleue produite par l'injection des vaisseaux de l'enveloppe extérieure, couleur sur laquelle se détachait nettement la blancheur de la membrane interne.

d. Cavité du follicule.

Fig. 38. Portion du tissu fibro-grenu de l'ovaire contenant 3 follicules de graaf très-rapprochés. On distingue à travers les parois des follicules l'oeuf qu'ils renferment, avec sa vésicule germinative (**400** diam.).

Fig. 39. Un follicule détaché de l'ovaire, montrant son ovule avec la vésicule germinative (**30** diam.).

Fig. 40. Tissu fibro-grenu d'un follicule (**400** diam.).

Fig. 41. Un oeuf mûr très-rapproché de la surface de la glande.

a. Cellules de la membrane granuleuse.
b. Chorion.
c. Vitellus.
d. Vésicule germinative avec sa tache germinative et plusieurs vésicules plus petites et espacées (**150** diam.).

Fig. 42. Ovaire de poule injecté, grossi 2 fois.

Fig. 43. Ovaire d'une jeune poule de l'année, composé de lamelles parallèles renfermant un grand nombre d'oeufs d'égale grandeur (2 diam.).

a. Aorte.
b. Tronc coeliaque.
c. Artère mésentérique supérieure.
d. Ovaire.

Planche IV.

Fig. 44. Portion d'ovaire de poule grossie 50 fois; elle renferme des ovules enfouis dans son tissu fibro-grenu; la vésicule germinative est très-apparente.

Fig. 45. Portion de la pièce précédente grossie **400** fois.

a. Capsule de l'oeuf.
b. Vitellus.
c. Vésicule germinative.

  d. Stroma fibro-granuleux.
  d′. Deux faisceaux détachés de ce tissu.
Fig. 46. Coupe d'une lamelle ovarienne grossie **3** fois, pour montrer les faisceaux fibreux du centre et les ovules accumulés à la circonférence. Un oeuf ouvert en *a* montre la coupe de la capsule, du jaune et de la vésicule germinative.
Fig. 47. Un oeuf dont la capsule est injectée (**9** diam.).
Fig. 48. Portion du stroma de l'ovaire pour montrer la membrane granuleuse interposée entre ses faisceaux fibreux (**400** diam.)
  aa. Deux faisceaux de fibres granuleuses.
  b. Membrane granuleuse interposée.
Fig. 49. Ovaire de lézard injecté pour montrer les réseaux vasculaires qui entourent les oeufs et les pinceaux qui se distribuent sur les capsules ovigères (**2** diam.).
Fig. 50. Autre ovaire incisé longitudinalement, les oeufs font saillie dans l'intérieur du sac.
  a. Oviducte.
  b. Ovaire.
  c. Vaisseaux sanguins qui pénètrent dans le sac et se ramifient sur les capsules (**2** diam.).
Fig. 51. Un oeuf injecté pour montrer le réseau extrêmement serré qui couvre sa capsule (**15** diam.).
Fig. 52. Ovaire d'une grenouille adulte avec ses appendices adipeux (septembre).
  a. Poches de l'ovaire.
  b. Corps graisseux.
  c. Lieu où ces corps adhèrent à l'ovaire.
  d. Veine cave recevant les veines rénales et ovariennes.
Fig. 53. Portion d'ovaire vue par sa face extérieure. L'injection poussée par les veines a passé dans les artères; les vaisseaux ainsi remplis forment des anneaux autour de chaque oeuf (**2** diam.).
Fig. 54. Autre portion d'ovaire vue par sa face interne. Les ovules font saillie à l'intérieur du sac; les capsules ovigères sont parcourues par des vaisseaux très-déliés.
  a. Plexus vasculaire situé à la base du sac.
  b. Portion d'un sac retournée pour faire saillir les ovules (**2** diam.).
Fig. 55. Portion d'ovaire injectée, grossie **14** fois. On voit le réseau

vasculaire qui entoure les oeufs et les vaisseaux qui en partent pour se diviser de nouveau en réseau sur la capsule de ces oeufs.

Fig. 56. Ovule grossi 60 fois.
    a. Sphère vitelline.
    b. Vésicules vitellines.
    c. Vésicule germinative remplie de granules (taches germinatives).

Fig. 57. Ovule dont la vésicule germinative *b* contient quatre noyaux granuleux *cc*; *a* est la sphère vitelline (17 diam.).

Planche V.

Fig. 58. Extrémité antérieure du sac ovarien d'un brochet, de grandeur naturelle.
    a. Paroi dorsale de l'ovaire, simplement membraneuse et ne contenant pas d'ovules.
    b. Portion ovigère formée de plis transverses.
    c. Portion du ligament antérieur de l'ovaire.

Fig. 59. Surface d'un ovaire de brochet injecté, comme le testicule, par le bichromate de potasse et l'acétate de plomb. On voit les mailles des vaisseaux sanguins qui entourent les gros ovules et une quantité innombrable de petits ovules dispersés entre les gros (2 diam.).

Fig. 60. Un pli de l'ovaire étalé pour montrer l'arrangement des ovules dans l'épaisseur de la membrane proligère.
    a. Portion de la paroi dorsale de l'ovaire.
    b. Membrane proligère parsemée de très-petits ovules.
    c. Plusieurs oeufs enchâssés dans la membrane ovarienne.

Fig. 61. Portion d'ovaire d'un brochet pris en automne. Les plis sont plus réguliers, à peu près d'égale hauteur et d'égale épaisseur.
    1. 2. 3. Trois plis principaux situés à la suite les uns des autres; le pli du milieu est lui-même divisé en plis plus petits (2 diam.).

Fig. 62. Groupe d'oeufs d'un ovaire injecté; on voit la distribution des vaisseaux sanguins à la surface de l'enveloppe des ovules (12 diam.).

Fig. 63. Membrane vasculaire de la paroi dorsale du sac ovarien du brochet (200 diam.). Cette membrane paraît entièrement composée de vaisseaux disposés sur plusieurs couches.

Anatomie des organes génitaux des animaux vertébrés. 195

Fig. 64. Epithélium de la muqueuse de cette même paroi (200 diam.).
Fig. 65. Ovules d'un jeune brochet pris en octobre.
    A. Oeuf très-petit (0,27 mm.), transparent, choisi parmi un groupe enfoui dans la membrane proligère (50 diam.).
        a. Vitellus.
        b. Vésicule germinative centrale mesurant 0,11 mm.; son contour est caché par les petites vésicules vitellines accumulées autour d'elle.
    B. Autre oeuf un peu plus gros 0,29 mm.; vésicule rapprochée du bord; elle est remplie de granules accumulés surtout vers la circonférence; elle mesure 0,12 mm. (50 diam.).
    C. Portion d'oeuf mûr de 1 millim. de diamètre.
        a. Chorion.
        b. Vésicules vitellines de grosseur inégale (45 diam.).
    D. Vésicules vitellines de l'oeuf précédent; elles contiennent des vésicules plus petites et mesurent 0,05 mm. (50 diam.).
Fig. 66. Canal déférent du lapin ouvert pour montrer sa muqueuse réticulée (5 diam.).
Fig. 67. Tissu fibreux du canal déférent (200 diam.).
Fig. 68. Vésicule séminale ouverte par sa face dorsale (grandeur naturelle).
    aa. Les deux cornes de la vésicule.
    b. Cloison qui les sépare.
    c. Tissu glanduleux de la paroi dorsale.
    d. Orifices punctiformes des canaux déférents.
    e. Ouverture de la vésicule dans l'urèthre *f.*
Fig. 69. Région dorsale de la verge du lapin avec ses muscles.
    a. Coupe des racines des corps caverneux.
    b. Muscles ischio-caverneux.
    c. Muscles pubo-caverneux.
    d. Corps caverneux.
    e. Gland dont la région dorsale est soutenue par le prolongement des corps caverneux.
    f. Extrémité du gland entr'ouverte et distendue.
Fig. 70. Coupe des corps caverneux, tout près de leur terminaison (7 diam.).
    a. Cloison fibreuse médiane.

b. Enveloppe fibreuse.
c. Tissu caverneux.

Planche VI.

Fig. 71. Vue générale des organes génitaux du lapin mâle; un peu plus petit que grandeur naturelle.
a. Reins.
b. Uretères.
c. Vessie urinaire.
d. Rectum.
e. Testicules.
f. Queue de l'épididyme adhérente à la bourse du dartos.
f'. Anneau inguinal interne.
g. Canal déférent.
h. Fibres du muscle oblique interne de l'abdomen entourant l'anneau inguinal.
i. Bourse du dartos encore contenue dans le canal inguinal et renfermant la queue de l'épididyme.
i'. Canal inguinal ouvert pour mettre à nu le sac scrotal gauche retourné.
k. Bourses scrotales.
l. Prépuce.
m. Gland de la verge.
n. Fossette inguinale contenant une matière sébacée très-odorante.
o. Anus.

Fig. 72. Organes génitaux du lapin vus par leur face supérieure.
a. Testicule droit.
b. Tête de l'épididyme; b', son corps; b'', sa queue.
c et c'. Portions du muscle crémaster qui adhèrent au dartos.
c''. Dartos retourné.
d. Peau du scrotum retournée.
e. Cordon des vaisseaux spermatiques encore entouré de graisse.
f. Canal déférent.
f'. Son renflement postérieur.
g. Vessie urinaire.
h. Uretères.
i. Vésicule séminale.
k. Glandes de la paroi dorsale de la vésicule.

l. Prostate en position. Celle du côté droit a été développée pour montrer les lobes qui la composent et ses canaux excréteurs.
l'. Deux autres prostates situées au devant des précédentes.
m. Sphincter de la vessie.
n. Glande de cowper du côté gauche en position et encore enveloppée de sa couche musculeuse. Celle du côté opposé a été développée et montre son principal canal excréteur.
o. Bandelette musculeuse continuation des muscles propres de la glande.
p, p', p". Muscle uréthro-rectal; *p.* portion antérieure; ses fibres contournent le rectum et vont gagner son muscle rétracteur; *p'.* portion postérieure qui entoure la queue, elle a été coupée au niveau du rectum; *p".* rétracteur du prépuce.
q. Continuation, sur le dos du rectum, des fibres du même muscle.
r. Section du corps du pubis.
s. Muscle ischio-caverneux.
t. Muscles pubo-caverneux vus de profil.
u. Glande inguinale.
v. Peau du prépuce.
x. Glandes préputiales.
y. Gland.
z. Sphincter anal.
α. Rectum.
β. Son muscle rétracteur.
γ. Queue.

Fig. 73. Organes génitaux d'un jeune coq d'environ 6 mois, vus en position, de grandeur naturelle.
  a. Extrémité postérieure du foie.
  b. Veine cave inférieure.
  c. Aorte abdominale.
  d. Testicules; le droit dans sa position naturelle, le gauche récliné en dedans pour montrer l'épididyme *d'* situé le long de sa face dorsale.
  i. Canal déférent.
  k. Bourse de fabricius.
  l. Les deux lèvres internes de l'orifice du vestibule.
  s. Lèvre antérieure.
  t. Lèvre postérieure.

q. Rectum.
u. Reins.
v. Uretères.

Fig. 74. Testicule gauche et épididyme d'un coq adulte, grossis 2 fois.
    a. Testicule.
    b. Canaux efférents.
    c. Epididyme composé de canaux flexueux au milieu desquels on voit un canal plus gros et à peu près droit.
    c'. Epanouissement antérieur de l'épididyme, dont les replis adhèrent à la capsule surrénale *f*.
    d. Canal déférent.
    e. Renflement situé à l'origine de ce canal.

Planche VII.

Fig. 75. Cloaque d'un coq entr'ouvert par sa face inférieure pour montrer les papilles génitales et leurs rapports avec les corps spongieux ou plexus artériels.
    a. Rectum.
    b. Sa dilatation terminale.
    c. Bourrelet rectal formé par le sphincter de l'intestin et par les plis de sa muqueuse.
    d. Paroi inférieure de la deuxième chambre du vestibule réclinée en arrière; on voit, au milieu, l'ouverture qui conduit dans cette deuxième chambre.
    ee'. Papilles génitales.
    ff'. Corps spongieux remplis de matière à injection poussée par l'aorte.
    gg'. Muscle constricteur inférieur du vestibule coupé par le milieu et ses deux moitiés réclinées en dehors; ce muscle recouvrait les corps spongieux.
    h. Lèvre postérieure.
    i. Canal déférent.
    k. Sa portion renflée ouverte suivant la longueur et sur laquelle repose le corps spongieux correspondant.
    l. Uretères.
    m. Orifice de l'uretère droit; celui du côté gauche est caché dans les plis de la cloison rectale.
    n. Artère du corps spongieux.

Fig. 76. Portion du canal déférent contenue dans sa gaîne; *a.* replis du canal; *b.* sa gaîne fibreuse (4 diam.).
Fig. 77. Paroi du canal déférent grossie 200 fois.
    a. Epithélium.
    b. Membrane propre, fibreuse, du canal.
Fig. 78. Extrémité terminale du même canal (2 diam.).
    a. Fin de la portion flexueuse du canal.
    b. Renflement terminal ouvert pour montrer ses plis transverses.
Fig. 79. Papille génitale creusée d'un tube très-étroit dont on voit l'orifice extérieur en *o*, au sommet de la papille (4 diam.).
Fig. 80. Coupe transversale de cette papille montrant aussi la coupe du canal dont elle est creusée.
Fig. 81. Moitié gauche des organes génitaux du lézard mâle, pour montrer le trajet du canal déférent (2 diam.).
    a. Testicule.
    b. Epididyme.
    c. Canal déférent.
    d. Renflement terminal de ce canal.
    e. Son ouverture dans le cloaque.
    f. Ouverture de l'uretère. Ces deux orifices sont situés à l'extrémité d'une même papille.
Fig. 82. Portion du canal déférent du lézard grossie 9 fois.
    a. Canal déférent.
    b. Sa gaîne fibreuse.
Fig. 83. Epithélium de la muqueuse du renflement terminal du même canal (400 diam.).
Fig. 84. Tissu fibreux de ce même renflement (400 diam.).
Fig. 85. Appareil génital de la grenouille rousse mâle (grandeur naturelle).
    a. Testicule.
    b. Canal uro-spermatique.
    c. Renflement spongieux de ce canal.
    d. Rein.
    e. Veine afférente du rein.
    f. Appendices adipeux.
    f'. Lobule graisseux rudimentaire adhérant à l'extrémité postérieure du testicule.
    g. Aorte abdominale.

  h. Veine cave.
  h'. Rameaux veineux provenant des appendices adipeux et du testicule et qui se jettent dans la veine cave.
  i. Vessie.
  k. Rectum récliné en dehors.
  l. Anus.
Fig. 86. Appareil génital d'une grenouille rousse vu par sa face dorsale. On a récliné les testicules en dehors et retourné en partie les reins de manière que leur bord externe est devenu interne, afin de mieux faire voir les canaux séminifères efférents.
  mmm. Canaux efférents.
  nn. Vaisseaux du testicule.
  oo. Veines des appendices adipeux.
  p. Rectum étalé pour mieux montrer les deux petits muscles rétracteurs *s* qui se perdent dans ses parois.
  q. Vessie indiquée par un trait; elle est réclinée en dehors.
  r. Extrémité cartilagineuse du coccyx.
  s. Muscle coccy-rectal ou rétracteur supérieur du cloaque.
  t. Muscle coccy-femoral (Dugès).
  u. Muscle ischio-coccygien ou abaisseur du rectum.
  v. Sphincter anal.
Les autres lettres comme dans la figure précédente.

Planche VIII.

Fig. 87. Portions des organes génitaux d'une grenouille verte.
  a. Reins.
  b. Canal uro-spermatique.
  c. Canal déférent accessoire qui commence par une extrémité borgne dans la région la plus avancée de l'abdomen, sur les côtés des poumons, et s'ouvre dans le canal uro-spermatique.
Fig. 88. Corps spongieux (vésicule séminale) du canal uro-spermatique.
  A. Ce corps rempli de mercure. On voit par transparence les petits canaux qui se portent transversalement dans le conduit excréteur commun.
  B. Le même grossi deux fois et coupé suivant sa longueur, pour montrer ses cavités anfractueuses.

  a. Canal uro-spermatique.
  b. Cellules du corps spongieux.
Fig. 89. Portion du corps spongieux grossie 15 fois. On voit dans le fond des grandes mailles d'autres mailles beaucoup plus petites.
Fig. 90. Corps spongieux d'une grenouille rousse tuée en décembre; ce corps est couvert de vaisseaux anastomosés en réseaux et garnis de pigment noir (6 diam.).
Fig. 91. Tunique fibreuse du canal uro-spermatique (470 diam.).
Fig. 92. Organes génitaux du triton crêté mâle, en position (grand. natur.)
  a. Testicules.
  b. Poumons qui adhèrent à ces glandes.
  c. Bandelettes adipeuses.
  d. Canal déférent.
  e. Commencement du canal déférent accessoire qui se dirige en avant jusque sur les côtés du coeur.
  f. Veine cave.
  g. Rectum.
  h. Vessie.
  i, i', i''. Les trois portions de la glande vestibulienne (prostate).
  k. Anus.
Fig. 93. Portion de la pièce précédente développée et grossie 2 fois.
  a. Testicules.
  b. Canaux séminifères efférents du testicule.
  c. Epididyme.
  d. Canaux efférents de l'épididyme.
  e. Canal déférent.
  f. Son prolongement antérieur (canal déférent accessoire).
  g. Reins.
  h. Faisceau d'uretères.
  i. Aorte.
  k. Vessie.
  l. Rectum.
  m. Glande vestibulienne extérieure.
Fig. 94. Extrémité antérieure de la même pièce grossie 5 fois.
  a. Fin de l'épididyme.
  b. Boucle que forme son canal avant de se changer en canal déférent.

c. Canal accessoire qui se détache de la boucle précédente.
   d. Canal déférent.
Fig. 95. Reins vus par leur face dorsale et grossis.
   a. Canaux urinifères de la surface.
   b. Tubes excréteurs qui en partent et qui se réunissent pour former le faisceau des uretères.
Fig. 96. Portion du bord externe du rein grossie 5 fois.
   a. Substance du rein.
   b. Faisceau d'uretères.
Fig. 97. *A.* Commencement du canal déférent du brochet pris dans la partie la plus avancée du testicule.
      a. Corps de la glande.
      b. Mailles du canal déférent.
   B. Portion du canal déférent prise à quelque distance de sa terminaison.
      a. Canal déférent.
      b. Le même ouvert pour montrer les mailles dont il se compose.
Fig. 98. Coupe du testicule et du canal déférent.
   a. Testicule.
   b. Canal déférent.
   c. Mésentère du testicule.
Fig. 99. Coupe transversale du renflement spongieux grossie.
Fig. 100. Tissu fibreux de ce renflement (200 diam.).

Planche IX.

Fig. 101. Vue générale de l'appareil génital d'un lapin femelle en gestation.
   a. Reins.
   b. Aorte.
   c. Rectum.
   d. Ovaire droit; on remarque à sa surface de légères bosselures produites par la saillie des follicules de graaf.
   e. Portion recourbée de la trompe de fallope.
   e'. Sa portion redressée.
   e''. Ovule enchâssé dans le tissu cellulaire graisseux qui recouvre le mésentère du pavillon (voyez *i* fig. 35, pl. III).
   f. Pavillon.

g. Mésentère de la trompe.
h. Commencement de l'utérus.
ii. Portions étranglées de l'utérus.
kk. Renflements contenant chacun un foetus.
l. Vagin vu par transparence à travers le mésomètre.
m. Mésentère fibreux de l'utérus.
n. Cordon fibreux qui se détache de l'aponévrose de l'oblique interne, longe le bord externe du mésomètre et se porte à l'utérus.
o. Fibres du muscle oblique de l'abdomen.
p. Vessie urinaire.
q. Uretères.
r. Téguments de l'abdomen réclinés.
s. Espace couvert de poils très-ras qui entoure l'orifice génital.
t. Grandes lèvres.
u. Petites lèvres en avant desquelles on aperçoit, sous la forme d'un petit tubercule, l'extrémité du clitoris.
v. Anus.

Planche X.

Fig. 102. Organes génitaux d'un lapin femelle à l'état de vacuité. Le vagin et une partie de l'utérus sont ouverts longitudinalement par leur face dorsale. L'ovaire du côté gauche ainsi que l'ovaire et la trompe du côté droit ont été enlevés.

a. Trompe de fallope flexueuse.
b. Utérus gauche.
c. Mésomètre.
d. Portion de l'utérus ouverte pour montrer les gros plis flexueux de sa muqueuse.
e. Museau de tanche ouvert.
f. Vagin ou canal uréthro-sexuel. Il forme des plis longitudinaux à son origine, derrière l'embouchure de chaque utérus, et en arrière, au niveau de l'orifice de l'urèthre. Partout ailleurs il est lisse.
g. Vessie urinaire.
h. Orifice de l'urèthre.
i. Corps caverneux du clitoris.
k. Petites lèvres ou nymphes.

l. Repli de la peau analogue au prépuce.
m. Cavité élargie du rectum, dans laquelle s'amassent les matières fécales.
n. Cavité rétrécie de ce même intestin qui lui sert de sphincter.
o. Anus.

Fig. 103. Pavillon et commencement de la trompe de fallope ouverts et grossis 5 fois. On voit les gros plis longitudinaux et les plis réticulés plus fins situés dans leurs intervalles.

Fig. 104. Terminaison de la trompe dans l'utérus.
   a. Trompe.
   b. Lamelles disposées en bourrelet autour de l'orifice utérin.
   c. Commencement de l'utérus.

Fig. 105. Tissu fibreux du ligament de l'ovaire (400 diam.).

Fig. 106. Tissu de la tunique fibreuse extérieure de la trompe de fallope (400 diam.).

Fig. 107. *A.* Epithélium vibratile du pavillon, vu de profil (150 diam.).
   B. Les cellules du même vues de face. On a dessiné les cellules de la première rangée de manière a donner une idée de la forme des cylindres.

Fig. 108. Portion du mésentère de l'utérus grossie 10 fois.

Fig. 109. Un des faisceaux fibreux de ce mésentère grossi 400 fois.

Planche XI.

Fig. 110. Organes génito-urinaires d'une poule adulte, en position (grandeur naturelle).
   a. Extrémité postérieure du foie.
   b. Veine cave.
   c. Aorte.
   d. Tronc coeliaque.
   e. Artère mésentérique antérieure.
   f. Ovaire.
   g. Contour du bord postérieur du poumon gauche.
   h. Ligament vaginiforme fixé derrière le poumon.
   i. Mésovaire.
   k. Cordon antérieur du pavillon qui pénètre dans le fourreau du ligament.
   l. Pavillon de l'oviducte; *l'.* son orifice.

mm. Circonvolutions de l'oviducte.
n. Mésentère fibreux qui les retient.
o. Cordon fibreux qui termine en arrière ce mésentère.
p. Dernier renflement de l'oviducte.
q. Rectum.
r. Ligament pubien.
s. Lèvre antérieure du vestibule réclinée.
t. Sa lèvre postérieure.
u. Reins.
v. Uretère droit.

Fig. 111. Oviducte en partie développé.
a. Pavillon.
b. Son ouverture.
c. Première portion de l'oviducte (tube d'entrée).
c'. Deuxième portion (oviducte sécréteur).
c''. Rétrécissement.
c'''. Commencement de la 3ᵉ portion.
d. Mésentère interne ou supérieur (vasculaire).
e. Mésentère externe (ligamenteux).
f. Cordon fibreux qui le termine.

Fig. 112. Oviducte d'une poule adulte tuée au mois de novembre, ouvert et étalé (grand. nat.).
a. Bord du pavillon.
b. Première portion de l'oviducte.
c. Limite entre la 1ᵉʳᵉ et la 2ᵉ portion.
d. Deuxième portion ou oviducte incubateur.
e. Terminaison de cet oviducte.
f. Canal de communication entre cet oviducte et l'utérus.
g. Troisième portion de l'oviducte qui se confond insensiblement avec l'utérus *h*.
i. Tube de sortie ou col de l'utérus (vagin).
kk'. Orifice de ce tube communiquant à la fois avec les deux chambre du cloaque.
l. Rectum.
m. Son bourrelet.
m'. Coupe du sphincter qui forme ce bourrelet.
n. Bourrelet transversal parallèle au précédent.

n'. Coupe de son sphincter (sphincter vésical).
o. Sillon profond qui sépare les deux bourrelets (2⁰ chambre du cloaque) et dans lequel on voit sur la ligne médiane les deux orifices des uretères. C'est à l'extrémité droit de ce sillon que s'ouvre l'oviducte rudimentaire, par un orifice à peine distinct situé au fond d'une fossette.
p. p'. Coupe des muscles constricteurs du cloaque.
q. Première chambre du cloaque ou vestibule proprement dit.
r. Sés plis longitudinaux.
s. Légère saillie glanduleuse situé sur la ligne médiane.
t. Papille qui se voit en avant de cette saillie, sous un pli demi-circulaire et à l'entrée de la bourse de fabricius.
u. Lèvre postérieure.

Fig. 113. *A. B. C.* Trois portions de l'oviducte d'une poule tuée au printemps (gr. nat.).
a. Pavillon frangé.
b, c, etc. Comme dans la figure précédente.

Planche XII.

Fig. 114. Coupe transversale de l'oviducte sécréteur (lettre *d* de la fig. précédente), pour montrer l'épaisseur de sa muqueuse (gr. nat.).
Fig. 115. Appareil génital d'une poule très-féconde tuée au mois de novembre, présentant un seul ovaire et deux oviductes (gr. nat.).
a. Portion de l'ovaire.
bb. Grappes graisseuses pédiculées et suspendues à cette glande.
c. Oviducte gauche ayant son développement normal.
d. Plis longitudinaux lobés de l'oviducte sécréteur.
e. Utérus ou oviducte incubateur.
f. Rectum.
g. Pavillon membraneux de l'oviducte droit sans plis ni crénelures.
h. Tube d'entrée.
i. Oviducte sécréteur montrant les bosselures de sa muqueuse à travers les parois du tube.
k. Portion rétrécie (tube de sortie) qui s'ouvre dans le cloaque.
l. Mésentère particulier de cet oviducte.

Fig. 116. Portion antérieure du ligament de l'oviducte grossie 2 fois et demie.
    a. Mésentère de l'ovaire.
    b. Gaîne fibreuse ouverte longitudinalement.
    c. Cordon antérieur du pavillon contenu dans cette gaîne et retenu lui-même par un repli particulier b'.
    d. Plis de ce cordon.
    e. Extrémité de la gaîne.
Fig. 117. Tissu fibreux de la pièce précédente (**200** diam.).
Fig. 118. Tissu du cordon fibreux (*f.* fig. 111) qui retient le mésentère externe de l'oviducte (**400** diam.).
Fig. 119. Tissu fibreux de l'oviducte (**400** diam.).
Fig. 120. Portion du bord plissé du pavillon grossie 5 fois; les stries sont des plis de la muqueuse.
Fig. 121. Portion du bord libre de la pièce précédente grossie 200 fois.
    a. Epithélium vu de face.
    b. Epithélium vibratile marginal.
Fig. 122. Muqueuse de l'oviducte sécréteur (**400** diam.).
Fig. 123. Papilles de la muqueuse utérine (**3** diam.).
Fig. 124. Cellules épithéliales qui recouvrent ces papilles (**300** diam.).

Planche XIII.

Fig. 125. Vue des organes génitaux d'un lézard femelle en position (gr. nat.).
    a. Foie récliné en avant.
    b. Son lobe postérieur.
    $b'.$ Extrémité de ce lobe qui adhère à l'ovaire par la veine cave.
    c. Coupe de l'estomac.
    d. Poumons.
    $ee'.$ Ovaires.
    $ff'.$ Pavillon de la trompe.
    g. Oviducte gauche.
    h. Rectum.
    i. Portion du péritoine qui recouvrait les lobes graisseux, tendue en travers.
    k. Vessie.
    $ll'.$ Les deux lobes graisseux.
    $mm'.$ Muscles releveurs antérieurs de la lèvre du vestibule.

n. Releveur postérieur ou deuxième releveur de cette même lèvre.
o. Dilatateur latéral (ischio-vestibulien).
p. Releveur médian de la lèvre antérieure.
q. Rétracteur de la lèvre postérieure.
r. Sphincter du vestibule.
s. Rétracteur du cloaque.
t. Ischio-coccygiens.

Fig. 126. Organes femelles extraits du corps et étalés (2 diam.).
1. Aorte; 1' 1' Rameaux ovariens qui en naissent.
2. Veine cave droite.
3. Rameau d'anastomose avec celle du côté gauche.
4. Veine cave gauche.
5. Principale veine de l'oviducte.
q. Rétracteur de la lèvre postérieure.
q'. Releveur médian de la lèvre antérieure qui s'en détache.
u. Glandes vestibulienne.
v. Fente du vestibule entr'ouverte.
w. Reins.
x. Ligament fibreux de l'oviducte.
y. Mésentère de l'oviducte.
z. Débris du mésorectum qui a été incisé longitudinalement pour montrer l'aorte.
Les autres lettres comme dans la figure précédente.

Fig. 127. Appareil génital vu par devant et en partie de côté; l'ovaire gauche enlevé, l'oviducte correspondant étendu (gr. nat.).
a. Lobe du foie.
b. Première portion de l'oviducte ou tube d'entrée.
b'. Rétrécissement qui sépare cette portion de la suivante.
c. Uretères.
d. Ampoule gauche du cloaque.
e. Renflement supérieur de la glande vestibulienne vu de côté.
i. Tendon du muscle rétracteur médian du cloaque.
i'. Portion antérieure du rétracteur latéral.
l. Muscle des lèvres du vestibule (analogue au muscle vaginien du mâle).
l'. Faisceau antérieur de ce muscle, ou releveur médian de la lèvre antérieure.

Anatomie des organes génitaux des animaux vertébrés. 209

l''. Son faisceau postérieur (rétracteur ou abaisseur de la lèvre postérieure).
w. Rein gauche.
w'. Portion commune des deux reins soudés entre eux en arrière, mais offrant encore une rainure médiane.

Fig. 128. Pavillon de l'oviducte grossi $2\frac{1}{2}$ fois.
  a. Ligament suspenseur péritonéal qui le fixe sur les côtés du thorax.
  b. Mésentère fibreux.
  c. Cavité du pavillon.
  d. Sa frange marginale.
  e. Ligament fibreux élastique fixé à son angle postérieur.
  f. Commencement de l'oviducte.

Fig. 129. Portion du bord du pavillon grossie 24 fois.
  a. Plis de la muqueuse.
  b. Fibres longitudinales et transversales.

Fig. 130. Plis du rebord de la figure précédente grossis 72 fois.

Fig. 131. Tissu fibreux élastique du cordon *e* de la figure 128 (300 diam.).

Fig. 132. Intérieur de la première portion de l'oviducte, pour montrer les plis longitudinaux de la muqueuse et les bourrelets valvulaires disposés transversalement (17 diam.).

Fig. 133. Muqueuse de l'oviducte proprement dit (60 diam.).

Fig. 134. Couche musculeuse de l'oviducte composée de fibres longitudinales et de fibres transversales (300 diam.).

Fig. 135. Extrémité postérieure de l'oviducte ouverte près de sa terminaison (16 diam.).
  a. Muqueuse de l'oviducte.
  b. Ses plis longitudinaux.
  c. Son bord postérieur.
  d. Lambeaux muqueux détachés du cloaque

Planche XIV.

Fig. 136. Grenouille rousse femelle ouverte pour montrer l'ensemble des organes génitaux.
  a. Ovaires.
  b. Oviductes.
  c. Orifice antérieur de l'oviducte droit.

c'. Orifice de l'oviducte gauche. On voit comment le contour de cet orifice se continue avec le ligament suspenseur du foie.
d. Terminaison de l'oviducte dans l'utérus.
e. Utérus.
f. Rectum.
g. Vessie.
h. Anus.
1. Poumons.
2. 3. 4. Les trois lobes du foie.
5. Coeur.

Fig. 137. Partie antérieure et latérale droite de la cavité thoracico-abdominale pour montrer les rapports de la première portion de l'oviducte.
a. Coeur.
b. Lobe droit du foie.
c. Portion du poumon droit.
d. Première portion de l'oviducte droit.
e. Son orifice.

Fig. 138. Première portion de l'oviducte ouverte.
a. Portion antérieure à peine plissée.
b. Portion plissée longitudinalement.
c. Commencement de la portion enroulée de l'oviducte; les plis commencent à devenir ondulés.

Fig. 139. Portion de l'oviducte grossie pour montrer l'aspect que présentent les plis ondulés de sa membrane interne.

Fig. 140. Petite portion de la pièce précédente plus fortement grossie. Elle montre les gros cordons qui forment les plis longitudinaux et les petits cordons qui les unissent. C'est à ces cordons qu'aboutissent les lamelles glanduleuses de l'oviducte.

Fig. 141. Coupe des parois de l'oviducte pratiquée longitudinalement suivant leur épaisseur (18 diam.).
a. Lamelles glanduleuses.
b. Cordon qui les unit.

Fig. 142. Portion de deux des lamelles précédentes juxtaposées; elles sont formées de cellules polygonales avec un noyau granuleux (60 diam.).

Fig. 143. Coupe transversale de l'oviducte (6 diam.). On voit dans l'intérieur du tube les saillies formées par les plis.
Fig. 144. Coupe horizontale de l'oviducte; lamelle très-mince vue par transparence (150 diam.).
    a. Cloison des prismes.
    b. Stries représentant les coupes horizontales des lamelles.
    c. Ouverture centrale.
Fig. 145. Ouverture de l'oviducte dans l'utérus.
    a. Oviducte.
    b. Bourrelet que forme son orifice dans l'utérus *c.*
Fig. 146. Coupe de la même pièce.
    a. Oviducte.
    b. Valvule.
    c. Utérus.
Fig. 147. Papilles composant le bourrelet valvulaire de l'oviducte (20 diam.).
Fig. 148. Une papille grossie 50 fois.
Fig. 149. Portion de cette papille grossie 200 fois.

Planche XV.

Fig. 150. Vessie et canal de l'urèthre du lapin ouverts par leur face ventrale (1½ diam.).
    a. Vessie entr'ouverte.
    b. Orifices des uretères.
    c. Verumontanum.
    d. Orifice de la vésicule séminale.
    e. Fossette au fond de laquelle se trouvent les orifices des prostates.
    f. Plis de l'urèthre.
    gg'. Orifices des glandes de cowper.
    h. Portion de l'urèthre qui forme la verge.
    i. Coupe des racines des corps caverneux.
    k. Corps caverneux.
Fig. 151. Verumontanum grossi 4 fois.
    a. Eminence médiane.
    b. Ouverture sémilunaire de la vésicule séminale.
    c. Orifices des glandes prostates.

Fig. 152. Organes génitaux d'une femelle en gestation vus en partie de profil.
   aa. Utérus.
   b. Orifice vaginal de chaque utérus (museau de tanche).
   c. Vagin.
   d. Vessie urinaire.
   e. Rectum.
   f. Grand muscle uréthro-rectal.
   f'. Son prolongement vers le prépuce du clitoris (rétracteur du prépuce).
   f". Faisceau caudal de ce muscle.
   g. Peau du prépuce étalée pour montrer ses glandes préputiales disposées comme chez le mâle.
   h. Glande inguinale dans sa fossette.
   i. Section longitudinale du corps du pubis.
   k. Sphincter commun à la vessie et au vagin.
   l. Plexus veineux qui entoure à la fois le vagin et le col de la vessie; on a enlevé la portion de ce plexus qui recouvrait ce col vésical, pour montrer les fibres du sphincter.
   m. Bandelette musculeuse analogue à celle qui recouvre les glandes de cowper, dans le mâle.

Fig. 153. Vue de l'entrée de la vulve.
   a. Plis froncés du prépuce ramassés au dessus du clitoris.
   b. Petites lèvres.
   c. Clitoris.
   d. Fente de la vulve.
   e. Rectum.

Fig. 154. Région antérieure des organes d'accouplement.
   a. Arcade pubienne.
   b. Muscle pubo-caverneux.
   c. Ischio-caverneux.
   d. Portion du muscle uréthro-rectal.
   e. Rétracteur du prépuce.
   f. Clitoris.
   g. Vulve.
   h. Glande sébacée génitale dans sa fossette.

Anatomie des organes génitaux des animaux vertébrés. 213

Fig. 155. Muscles de la région antérieure (inférieure) du cloaque d'un coq.
  aa. Rebord des os pubis.
  b. Bande tendineuse qui les unit (ligament pubien).
  c. Expansion de ce ligament à laquelle s'attache le muscle orbiculaire antérieur *d*.
  e. Demi-anneau inférieur du muscle orbiculaire postérieur.
  f. Muscles pyramidaux ou releveurs de la lèvre.
  g. Rebord antérieur de la lèvre; ce rebord a été coupé pour montrer le muscle *e*.
  h. Lèvre postérieure.
  i. Lèvres internes.
  k. Saillie glanduleuse de la paroi supérieure du vestibule.
  l. Muscles iléo-coccygiens ou fléchisseurs latéraux de la queue.

Fig. 156. Muscles de la région postérieure (supérieure) du cloaque du même.
  a et *b*. Comme précédemment.
  c. Demi-anneau supérieur du muscle orbiculaire représenté en *e* dans la figure précédente.
  d. Demi-anneau supérieur appartenant à l'orbiculaire *d* de la même figure.
  e. Muscle ischio-coccygien; il envoie en dedans un faisceau musculaire sur les côtés du cloaque et agit ainsi comme dilatateur et comme rétracteur.
  f. Muscles sacro-coccygiens entre lesquels s'ensère le ligament *g* qui suspend le cloaque.
  g¹. Membrane tendineuse dorsale de laquelle part le ligament suspenseur précédent.
  h. Muscle iléo-coccygien.
  i. Artère.

Fig. 157. Bourse de fabricius d'un jeune coq vue par sa face dorsale (grand. nat).
  a. Bourse de fabricius.
  b. Rectum.
  c. Uretère.
  d. Canal déférent.

Planche XVI.

Fig. 158. Cloaque et bourse de fabricius du jeune coq ouverts par devant (gr. nat.).
   a. Intérieur de la bourse montrant les gros plis longitudinaux dont elle se compose; les granulations indiquent les utricules qui remplissent ces lames saillantes.
   b. Canal déférent.
   c. Orifice de la bourse dans le cloaque.
   d. Plancher supérieur du vestibule criblé de petites ouvertures folliculaires.
   e. Rectum.
   f. Son bourrelet.
   g. Autre bourrelet plus reculé; g'. moitié opposée du même repli.
   h. Papille génitale; h'. celle du côté opposé.
   i. Papille de la lèvre antérieure du vestibule (elle n'existait que dans cet individu).
Fig. 159. Portion d'une lamelle glanduleuse de la bourse pour montrer ses utricules ouverts à leur sommet (4 diam.).
Fig. 160. Coupe verticale d'une lamelle (23 diam.).
   a. Membrane propre de la bourse.
   b. Utricules rangés régulièrement le long de cette membrane.
   c. Prolongements de celle-ci entre les utricules.
Fig. 161. Tissu des utricules et de la membrane qui les revêt (400 diam.). On voit à côté les granules libres contenus dans les utricules.
Fig. 162. Tissu fibreux de la membrane propre de la bourse (400 diam.).
Fig. 163. Vue générale des organes génitaux d'un lézard des souches mâle (2 diam.).
   a. Testicule. a'. Ligament qui se perd sur la veine cave a'' et sur la gaîne du canal déférent.
   b. Epididyme.
   c. Canal déférent.
   d. Rein.
   e. Vessie.
   f. Rectum.
   g. Portion du lobe postérieur du foie qui adhère au testicule par l'intermédiaire de la veine cave.

hh'. Verges.
ii'. Leurs fourreaux musculeux ouverts et en partie déchirés.
k. Muscle releveur médian de la lèvre antérieure écarté de sa position naturelle. k'. Le même en position.
l. Rigole de la verge garnie de deux lèvres. Le cloaque est entr'ouvert pour faire voir la lèvre postérieure, l'entrée du vestibule et les deux demi-canaux qui terminent les verges et viennent converger vers la ligne médiane. On aperçoit par transparence les deux glandes vestibuliennes situées au dessus de la lèvre postérieure.

Fig. 164. Entrée du vestibule, les lèvres extérieures fortement écartées.
a. Lèvre interne de la paroi antérieure du vestibule.
b. Rigoles des verges.
c. Entrée du vestibule.

Fig. 165. Cloaque ouvert longitudinalement par sa face inférieure.
a. Lèvre postérieure.
b. Tube d'entrée ou vestibule proprement dit (première chambre).
c. Deuxième chambre du cloaque au fond de laquelle on voit les deux papilles génito-urinaires; on ne distingue que l'orifice inférieur, celui des canaux déférents.
d. Rectum ouvert.
f. Valvule rectale.
g. Vessie; g'. son orifice.

Fig. 166. Cloaque ouvert par sa face dorsale.
a. Cavité du rectum marquée de gros plis transverses.
b. Valvule rectale.
c. Paroi inférieure du vestibule.
d. Papilles génito-urinaires vues de côté.
f. Glandes du vestibule vues à travers la paroi.

Fig. 167. Coupe latérale du cloaque pour montrer sa forme.
a. Ouverture extérieure conduisant dans le premier espace.
b. Chambre profonde (deuxième espace).
c. Cul de sac qu'elle forme en avant et qui répond à l'ampoule extérieure.
d. Rectum en partie ouvert; sa valvule d' est peu distincte.
f. Orifice vesical.

Fig. 168. Cloaque d'un lézard femelle ouvert par sa face inférieure.
    a. Lèvre postérieure tirée en arrière.
    b b'. Les deux moitiés latérales de la lèvres antérieure à demi écartées ; le vestibule est rétréci dans cet endroit.
    c. Extrémité antérieure du vestibule proprement dit conduisant dans la chambre cloacale *d.*
    f. Vessie.
    g. Son orifice à la paroi inférieure du cloaque.
    h. Rectum ouvert dans toute sa longueur.
    i. Valvule rectale dont le bord antérieur est crénelé.
    l. Petits culs-de-sac situés à l'entrée du vestibule.

Fig. 169. Le même ouvert plus profondément.
    a. Lèvre postérieure réclinée.
    b b'. Les deux moitiés de la lèvre antérieure fortement écartées.
    b''. Culs-de-sac de l'entrée du vestibule.
    c. Rebord valvulaire lamelleux situé au devant de l'orifice de l'oviducte *l* et entourant l'entrée du cul-de-sac placé au dessus de cet orifice.
    d. Cloison épaisse longitudinale qui sépare les deux culs-de-sac l'un de l'autre.
    i. Oviducte incisé de *k* en *l.*
    f, g, h. Comme précédemment.

Planche XVII.

Fig. 170. Coupe longitudinale du cloaque.
    a. Lèvre postérieure.
    b. Lèvre antérieure.
    c. Lèvre interne faisant une saillie considérable à l'entrée du vestibule.
    d. Extrémité antérieure du vestibule proprement dit.
    e. Chambre antérieure (canal uréthro-sexuel).
    f. Orifice de l'oviducte.
    g. Rectum ouvert ; *g'.* sa valvule.
    h. Vessie ; *h'.* son orifice.
    i. Dépression ou fossette située derrière le bourrelet rectal et dans laquelle paraît s'accumuler l'urine.

i'. Cloison saillante et plissée qui sépare la chambre antérieure en deux moitiés latérales.

l. Reins.

Fig. 171. Portion du cloaque d'un lézard femelle vue par sa face inférieure (2 diam.).

a. Rectum.
b. Son orifice.
c. Région vésicale.
d. Fin de l'oviducte.
e. Son orifice.
f. Lamelles situés à l'entrée des ampoules.
g. Cloison médiane.
h. Plis et fossettes de cette cloison; sur les côtés de ces plis sont les orifices des uretères.

Fig. 172. Epithélium de la muqueuse de cette région.

Fig. 173. Muscles de la région inférieure du cloaque d'un lézard mâle.

a a'. Bandelette graisseuse composée de deux lobes et placée en travers au devant du basin.
b. Vessie.
c. Péritoine relevé et tendu.
d. Premier releveur de la lèvre antérieure.
e. Second releveur de cette lèvre.
f. Releveur médian.
g. Muscle du fourreau de la verge (muscle vaginien); il a été incisé d'un côté pour montrer la verge qu'il recouvre.
h. Deux faisceaux musculeux qui se détachent du muscle vaginien et entourent les glandes vestibuliennes (rétracteurs latéraux).
i. Faisceaux cutanés appartenant au rétracteur médian (une partie de ces faisceaux, les extérieurs, appartiennent aux rétracteurs latéraux cutanés).
k. Sphincter des lèvres.
l. Portion postérieure des glandes anales.
m. Verge contenue dans son fourreau musculeux.

Fig. 174. Autre vue des muscles de la région inférieure du cloaque.

a. Testicule.
b. Epididyme.
c. Canal déférent.

d. Rein.
e. Vessie.
f. Rectum.
h. Verges.
i. Muscles vaginiens.
k. Releveur médian de la lèvre antérieure.
l. Dilatateur latéral (ischio-vestibulien) porté en dehors et encore fixé à une portion de l'ischion l'. Ses fibres vont à la rencontre du tendon du premier releveur de la lèvre.
m. Premier releveur de la lèvre (d. fig. 173) séparé de ses attaches et récliné en arrière pour montrer son tendon qui va s'attacher sur les côtés du cloaque.
m'. Le même muscle du côté opposé.
n. Deuxième releveur de la lèvre.
o. Dilatateur inférieur du cloaque fixé contre la paroi supérieure de l'apophyse de l'ischion.
p. Cette apophyse écartée de sa position et vue de côté.

Fig. 175. Partie des muscles de la verge et du cloaque. Les testicules et les reins sont vus par leur face inférieure; la verge droite a été retournée et portée à gauche (côté droit de l'observateur), en sorte qu'on voit le muscle vaginien i relevé et ses faisceaux i' disposés autour de l'entrée du tube de la verge.

a—k. Comme précédemment.
l. Dilatateur latéral (ischio-vestibulien); on voit son attache aux parois du cloaque.
m. Rétracteur latéral.
n. Premier releveur de la lèvre.

Fig. 176. Les deux verges dégarnies de leurs muscles. Du côté gauche on a séparé les deux moitiés dont chaque verge se compose; à droite, ces deux moitiés sont ouvertes.

a. Lèvre antérieure tirée en avant. En deçà de la lèvre on voit les deux rigoles des verges qui viennent se toucher sur la ligne médiane, et, derrière elles, les glandes vestibuliennes, à travers la paroi du cloaque.
b. Portion commune de la verge.
b'. La même ouverte.

Anatomie des organes génitaux des animaux vertébrés. 219

    c. Les deux moitiés de chaque verge.
    d. Muscle rétracteur commun.
    f. Cavité intérieure de chaque demi-verge.
    g. Sillon formé par deux plis longitudinaux du fond de cette cavité.
    hh'. Petit renflement rugueux situé au fond de chaque tube (gland, hérissé d'épines microscopiques).
    i. Orifice de chaque demi-verge dans la portion commune.
Fig. 177. Muscles de la région inférieure de la verge et du cloaque.
    a. Verge droite écartée de sa position naturelle et encore enveloppée par une portion de son fourreau musculeux *b.*
    a'. Verge gauche en position; son fourreau *b'* récliné en dehors.
    c. Muscle ischio-coccygien en position.
    c'. Le même écarté pour montrer l'entrecroisement de ses fibres avec celles du côté opposé.
    c''. Tendon de ce muscle fixé à l'épine de l'ischion.
    d. Faisceaux appartenant au rétracteur médian.
    f. Extrémité antérieure de l'adducteur fémoral.
    g. Dilatateur latéral (ischio-vestibulien) en position.
    h. i. Releveur de la lèvre.

Planche XVIII.

Fig. 178. Région supérieure de la verge et du cloaque.
    a. Verge entourée de son fourreau.
    b. Releveur médian de la lèvre antérieure.
    c. Ischio-coccygien.
    c'. Entrecroisement de ses fibres avec celles de son congénère.
    d. Rétracteur médian du cloaque.
    f. Partie dorsale des glandes vestibuliennes.
    g. Ischio-vestibulien.
    h. Reins dont l'extrémité postérieure a été coupée.
    i. Portion des téguments et des muscles cutanés.
Fig. 179. Glandes vestibuliennes vues par leur face supérieure.
    a. Reins.
    b. Leur extrémité postérieure réclinée en avant.
    c. Rectum.
    d. Vessie.
    f. Rétracteur du cloaque relevé.

g g. Dilatateurs latéraux (ischio-vestibuliens).
h.i. Verges et leur fourreau.
k. Glandes du vestibule.
ll. Portion dorsale des rétracteurs latéraux.

Fig. 180. Verge droite vue par sa face inférieure.
a. Portion de la lèvre du vestibule.
b. Rigole vestibulaire de la verge.
c. Partie commune du tube de la verge.
d. Releveur médian de la lèvre antérieure.
f. Portion antérieure du muscle du fourreau.
gg'. Les deux moitiés de la verge.
h. Fibres musculaires fixées aux plis de la verge.
i. Rétracteur propre de la moitié gauche.
k. Rétracteur commun.

Fig. 181. Verge gauche vue par sa face supérieure; les deux moitiés écartées.
a—f. Comme dans la figure précédente.
gg'. Les deux moitiés de l'organe.
g'', g'''. Embouchures de ces demi-verges dans la portion commune.
h. Fibres du rétracteur commun attachées aux plis de chaque tube.
i. Rétracteurs particuliers.
k. Rétracteur commun.

Fig. 182. Portion des parois de la verge grossie 3 fois.
Fig. 183. La même munie de ses faisceaux musculaires rétracteurs.
a. Plis de la muqueuse.
b. Faisceaux rétracteurs.

Fig. 184. Epithélium de la verge (**200** diam.).
Fig. 185. Epithélium du gland, hérissé d'épines (**200** diam.).
Fig. 186. Intérieur du cloaque d'une grenouille femelle.
a. Extrémité postérieure des deux utérus.
b. Papilles au sommet desquelles s'ouvrent ces deux poches.
c. Chambre antérieure du cloaque située immédiatement derrière le bourrelet rectal et caractérisée par son aspect lisse.
d. Chambre postérieure du cloaque ou vestibule proprement dit, plissée longitudinalement.
e. Vessie.

Fig. 187. La double papille de l'utérus grossie.
  a. Orifice des poches utérines.
  b. Orifice des uretères.
Fig. 188. Une des papilles précédentes ouverte (**25** diam.).
  a. Plis de la muqueuse.
  b. Granulations situés entre ces plis.
Fig. 189. Corpuscules glanduleux situés entre les plis de la papille (**160** diam.).
Fig. 190. Aspect de la muqueuse de cette région recouverte de son épithélium.
Fig. 191. Muscles extérieurs du cloaque.
  1. Iléo-coccygiens (Dugès).
  2. Extrémité du coccyx.
  3. Coccy-fémoral.
  4. Portion de l'ischio-coccygien.
  5. Abaisseur de l'anus.
  6. Corde tendineuse qui termine le muscle précédent et se porte vers la région pubienne.
  7. 7. Muscles peauciers qui tendent cette corde.
Fig. 192. Muscles du cloaque vus de profil.
  1—5. Comme dans la figure précédente.
  6. Sphincter anal.
  a. Rectum.
  b. Os du bassin coupé longitudinalement tout près du muscle ischio-coccygien (**4**), pour mieux faire voir ce muscle attaché dans toute la longueur de la rainure que présente cet os; on distingue une partie du même muscle du côté opposé.
  c. Tendon de l'abaisseur du rectum.
  d. Téguments extérieurs.

Planche XIX.

Fig. 193. Portion postérieure des organes génitaux de la grenouille rousse femelle, vue par sa face dorsale.
  a. Reins.
  b. Uretères.
  d. Terminaison de l'oviducte dans l'utérus e.
  f. Rectum.

g. Vessie.
h. Anus.
m. Muscle ischio-coccygien récliné.
n. Muscle coccy-fémoral.
o. Rétracteur supérieur du cloaque (coccy-vestibulien).

Fig. 194. La même portion vue par sa face ventrale.
    a. Extrémité du muscle abaisseur de l'anus.
    b. Son tendon qui s'attache à la symphyse des os du bassin. Ce même tendon donne attache au muscle *d*.
    c. Muscles peauciers transverses qui servent à tendre la corde tendineuse *b*.
    d. Muscle rétracteur inférieur du rectum ou ischio-vestibulien dont les fibres entourent l'orifice vésical.
    e, f, g, m. Comme précédemment.

Fig. 195. Rectum et cloaque d'une grenouille mâle ouverts et étalés.
    a. Rectum.
    bb'. Rebords valvulaires antérieur et postérieur de la muqueuse rectale.
    c. Papilles au sommet desquelles s'ouvrent les tubes uro-spermatiques.
    d. Vestibule.
    i. Vessie.
    o. Son orifice.

Fig. 196. Extrémité du rectum avec la papille cloacale plus grossie.
    a. Rebord valvulaire du rectum.
    b. Chambre antérieure du cloaque rudimentaire.
    c. Papille avec ses orifices.
    d. Vestibule.

Fig. 197. Cellules du bord de la muqueuse de la papille cloacale (150 diam.).

Fig. 198. Coupe verticale et longitudinale du cloaque d'une grenouille femelle.
    a. Anus.
    b. Vestibule proprement dit.
    c. Valvule rectale derrière laquelle se trouve la chambre antérieure du cloaque rudimentaire; le cloaque est un peu élargi dans cet endroit.

d. Papilles de l'utérus.
e. Orifice vésical.
f. Portion rétrécie du rectum.
g. Valvule antérieure moins saillante que la postérieure.
h. Rectum.
i. Coupe de l'utérus.
k. Muscles du dos.
l. Vessie.
m. Muscles fémoraux.
n. Cavité cotyloïde.

Fig. 199. Organes mâles d'un jeune brochet pris en octobre (en position, de grandeur naturelle).
    a. Portion du fois.
    a'. Vésicule biliaire.
    b. Portion de l'oesophage réclinée en avant.
    c. Testicules.
    d. Ligament péritonéal qui le fixe sur les côtés de l'oesophage.
    e. Mésentère attaché tout le long de son bord supérieur.
    f. Vessie natatoire.
    g. Vaisseaux du testicule.
    h. Rectum.
    i. Anus.
    k. Fossette au fond de laquelle se trouvent les orifices génital et urinaire.
    m. Nageoire anale.

Fig. 200. Les organes femelles en position (gr. natur.)
    c. Ovaire gauche.
    d. Son ligament péritonéal antérieur.
    g. Ses vaisseaux sanguins.
    k. Orifice génito-urinaire.
    l. Fossette située derrière cet orifice.
    Les autres lettres comme dans la figure précédente.

Fig. 201. Les orifices excrémentitiels et génital vus de face; grossis.
    a. Anus.
    b. Plis longitudinaux du rectum.
    c. Bourrelet rectal récliné en avant pour montrer la papille de l'orifice génital.

d. Orifice génital; la papille apparaît comme un petit tubercule à sa paroi antérieure.
e. Orifice urinaire.
f. Fossette située derrière cet orifice.

Planche XX.

Fig. 202. Extrémité postérieure des organes génitaux du brochet [mâle vus de côté.
  a. Testicule gauche.
  b. Canal déférent. Un petit tube fibreux s'en détache pour aller le rejoindre plus loin.
  c. Renflement spongieux de ce canal.
  d. Vessie natatoire.
  e. Vessie urinaire.
  f. Reins réclinés de côté.
  g. Uretères.
  h. Rectum.
  i. Anus.
  k. Pore génital.
  l. Terminaison du muscle qui se porte des pièces du bassin au devant de la nageoire anale (ischio-coccygien).
  m. Tendon de ce muscle.
  n. Fourreau qui renferme le muscle et son tendon.
  o. Coupe latérale de la peau.
  p. Membrane fibreuse à laquelle adhèrent l'uretère, la portion renflée du canal déférent et le rectum.
  q. Faisceaux musculeux qui se fixent à cette membrane.
  r. Couche superficielle coupée et réclinée.
  s. Nageoire anale.

Fig. 203. Les mêmes parties vues par leur face dorsale. On a ouvert l'uretère et la vessie.
  a — c. Comme précédemment.
  d. Confluent des canaux déférents.
  e. Vessie.
  f. Reins.
  g. Uretères.

g'. Canal commun à la vessie et à l'uretère; les canaux déférents se voient à travers la paroi de ce canal.
  h. Rectum.
  ii. Bords de l'orifice génito-urinaire.

Fig. 204. Terminaison des organes mâles vus par leur face dorsale (2 diam.).
  a. Renflements des canaux déférents ouverts.
  b. Tube commun qui résulte de leur réunion.
  c. Paroi du canal urinaire qui rocouvrait le canal génital.
  d. Papille conique située à l'extrémité de la paroi inférieure (antérieure) du conduit génital.
  e. Bords de la peau qui entoure le pore génito-urinaire.

Fig. 205. Extrémité postérieure des organes génitaux d'un brochet femelle vus par leur face dorsale.
  aa'. Sacs ovariens.
  b. Membrane dorsale du sac.
  b'. Portion libre de ce sac (oviducte).
  c. Point de jonction des deux oviductes.
  d. Canal commun qui en résulte vu à travers la paroi inférieure de l'uretère.
  e. Orifice extérieur de ce canal, situé tout près du niveau du rebord du pore génital.
  f. Vessie.
  g. Uretère.
  h. Continuation de ce canal ouvert dans toute sa longueur.
  i. Rectum.

Fig. 206. Coupe longitudinale des organes génitaux du brochet femelle.
  a. Portion dilatée du rectum.
  b. Sa portion rétrécie et coudée.
  c. Anus.
  dd. Les deux oviductes.
  e. Leur portion commune.
  f. Leur terminaison.
  g. Uretère.
  h. Son orifice extérieur.

Fig. 207. Tissu fibreux de l'oviducte (400 diam.).

Fig. 208. Organes génitaux de la femelle vus de côté avec les muscles des orifices extérieurs.

    a a. Sacs ovariens.
    a'. Paroi dorsale dépourvue d'oeufs.
    b. Mésentère qui fixe les ovaires contre la vessie natatoire *d.*
    c. Terminaison du sac ovarien dans l'oviducte.
    d. Vessie natatoire.
    e, f, g, h, l. Comme chez le mâle.
    m. Couche musculaire latérale superficielle.
    n. Petit faisceau qui s'en détache pour se fixer sur le côté du vestibule.
    o. Muscles de la nageoire anale *s.* On voit par transparence le trajet du rectum et de l'oviducte.

Table des matières.

	pag.
Avant propos	3

Première partie. De la sphère interne ou productrice des organes génitaux.......... 7
   Chapitre premier. De la sphère productrice dans les mâles des animaux vertébrés, ou des testicules et de leur produit 7
      Article I. Des testicules du lapin et de leur produit 7
      Article II. Des testicules du coq domestique et de leur produit 16
      Article III. Des testicules du lézard des souches (L. stirpium) et de leur produit .. 21
      Article IV. Des testicules de la grenouille (rana esculenta et rana temporaria) et du triton crêté (triton cristatus) et de leur produit 24
      Article V. Des testicules du brochet et de leur produit 34
      Article VI. Résumé comparatif 38
   Chapitre second. De la sphère productrice dans les femelles des animaux vertébrés, ou des ovaires et de leur produit................................... 43
      Article I. Des ovaires du lapin 43
      Article II. De l'ovaire de la poule..................................... 49
      Article III. Des ovaires du lézard 52
      Article IV. Des ovaires de la grenouille 55
      Article V. Des ovaires du brochet..................................... 58
      Article VI. Résumé comparatif 60

Deuxième partie. De la sphère médiane ou conductrice 67
   Chapitre troisième. De la sphère conductrice dans les mâles 67
      Article I. De l'épididyme et du canal déférent dans le lapin 67
      Article II. De l'épididyme et du canal déférent du coq 72
      Article III. De l'épididyme et du canal déférent du lézard................... 75
      Article IV. Des canaux conducteurs du sperme dans les salamandres et dans les grenouilles 77
      Article V. Du canal excréteur du testicule dans le brochet 82
      Article VI. Résumé comparatif 84

	pag.
Chapitre quatrième. De la sphère conductrice dans les femelles	88
Article I. De la trompe de fallope et de l'utérus du lapin	88
Article II. De l'oviducte de la poule	95
Article III. Des oviductes du lézard	103
Article IV. Des oviductes de la grenouille	106
Article V. Des oviductes du brochet	113
Article VI. Résumé comparatif	114
Troisième partie. De la sphère externe des organes génitaux ou de la sphère copulatrice	121
Chapitre cinquième. De la sphère copulatrice dans les mâles	121
Article I. Des organes d'accouplement du lapin	121
Article II. Du vestibule génito-excrémentitiel du coq domestique	126
Article III. Du vestibule génito-excrémentitiel et des verges du lézard	131
Des verges et de leurs muscles	138
Article IV. Du vestibule génito-excrémentitiel de la grenouille mâle	142
Article V. Du vestibule génito-excrémentitiel dans le brochet mâle	147
Chapitre sixième. De la sphère copulatrice dans les femelles	151
Article I. Des organes d'accouplement du lapin femelle	151
Article II. Du vestibule génito-excrémentitiel de la poule	153
De la bourse de fabricius	155
Article III. Du vestibule génito-excrémentitiel du lézard femelle	158
Article IV. Du vestibule génito-excrémentitiel de la grenouille femelle	161
Article V. Du vestibule génito-excrémentitiel du brochet femelle	162
Article VI. Résumé comparatif des parties qui constituent la sphère externe des organes génitaux dans les deux sexes	162
Quatrième partie. Résumé général. Parallèle entre les organes génitaux considérés dans leur ensemble; marche de leur dégradation; application à la classification des vertébrés	173
Explication des planches	187

Errata.

On a imprimé par mégarde la plupart des noms d'auteurs, tels que Highmor, Fabricius, de Graaf, Cowper, Dugès etc., par une petite initiale, au lieu d'une majuscule.
Voici quelles sont les autres fautes essentielles que le lecteur est prié de corriger.

Pag. 1 lin. 15 nécessaire lisez: necessaires
1 l. 4 inf. Celle l. Telle
5 l. 7 les l. le
8 l. 6 66 et 67 l. 71 et 72
9 l. 17 abortir l. aboutir
14 l. 19 des capsules l. de capsules
16 l. 9 et 10 VII l. VI
17 l. 16 des l. de
21 note l. 1 de l. des
25 l. 3 postérieure l. postérieur
27 l. 1 inf. et l. est
41 l. 13 poisons l. poissons
46 l. inf. cellules rondes l. cellules épithéliales rondes
47 l. 17 ouvert follicule l. ouvert un follicule
50 l. 4 ovulaire l. ovalaire
54 l. 1 le l. la
55 l. 15 le l. les
61 l. 22 del le, après: rapports
67 l. 7 lisez: Pl. I. V et VI
67 l. 12 et l. est
70 l. 19 arrondies l. arrondis
72 l. 18 repli l. roplie
73 l. 11 en remontant, au lieu de 0,04 l. 0,004
79 l. 3 au lieu de troué l. trouvé
85 l. 16 au lieu de se l. ces
85 l. 18 au lieu de remplis l. replis
86 l. 6 en remontant, au lieu de le l. les
95 l. 11 en remontant, au lieu de elles mêmes l. elles les mêmes
98 l. 18 au lieu de 115 l. 113
111 l. 18 au lieu de forment l. forme
122 l. 2 en remontant, au lieu de 172 l. 72
138 ligne dernière; la phrase se termine par ischio-coccygien. Les mots „Fourreaux des verges" doivent commencer l'alinéa suivant.
146 l. 7 au lieu de basin l. bassin
150 l. 16 au lieu de adhérent l. adhérant

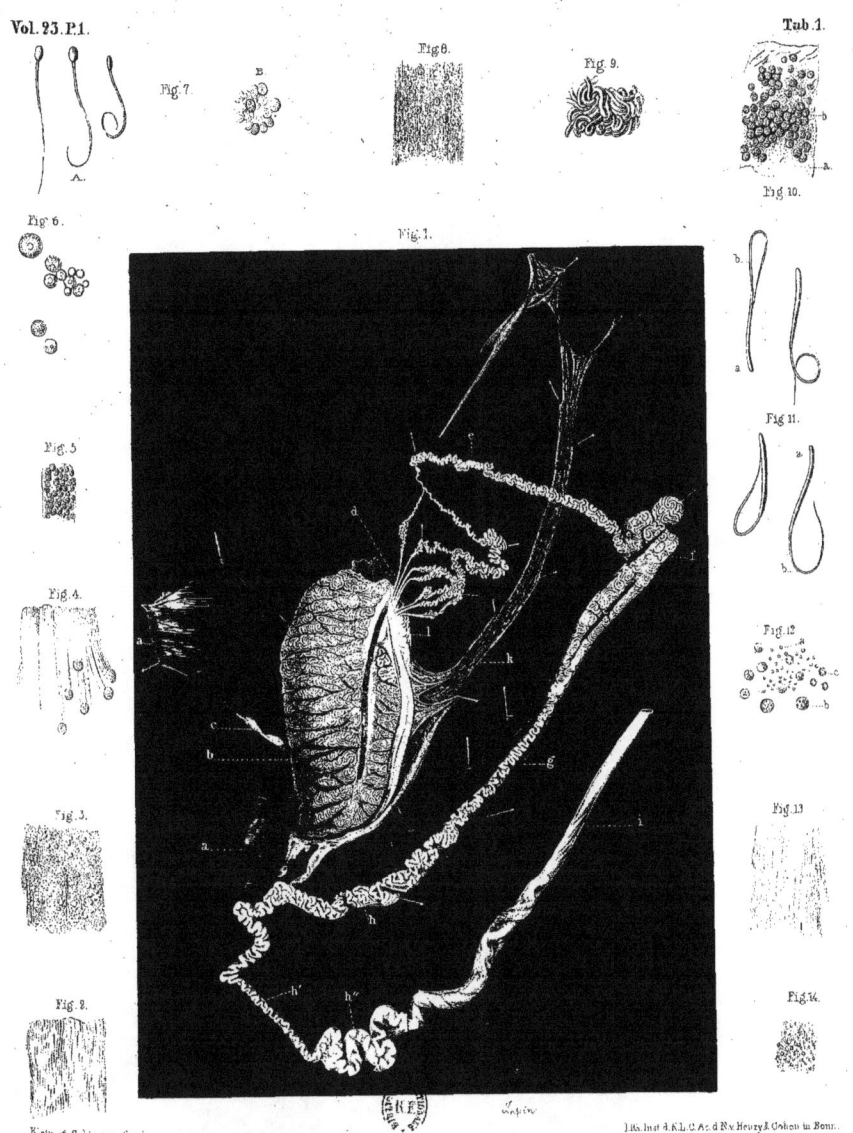

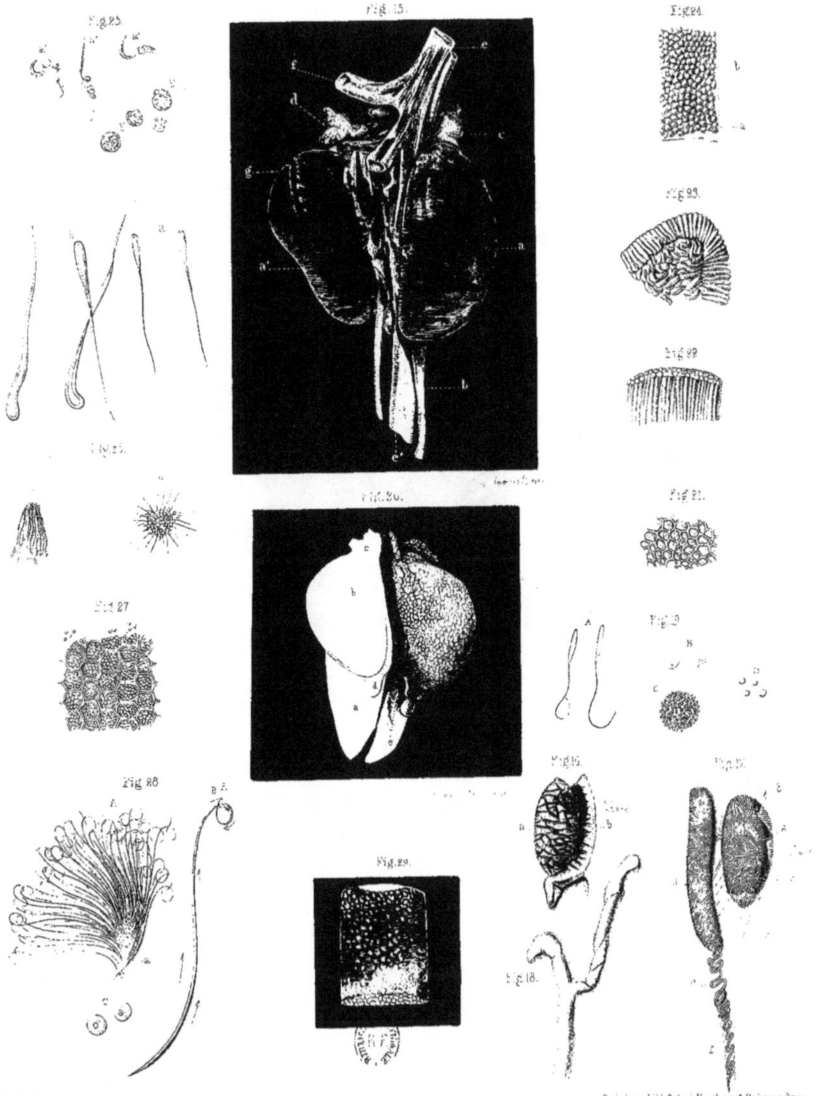

Kolb et Schimper fec.

Lith. Anst. J. W. L. C. Ac. d. N. v. Henry & Cohen in Bonn

Vol.23 Pl.1. Tab.3.

Fig.30. Fig.35. Fig.36.
Fig.31. Fig.37.
Fig.32. Fig.38.
Fig.33. Fig.39.
Fig.34. Fig.42. Fig.40.
Fig.41. Fig.41.

Klein et Schumer fec.

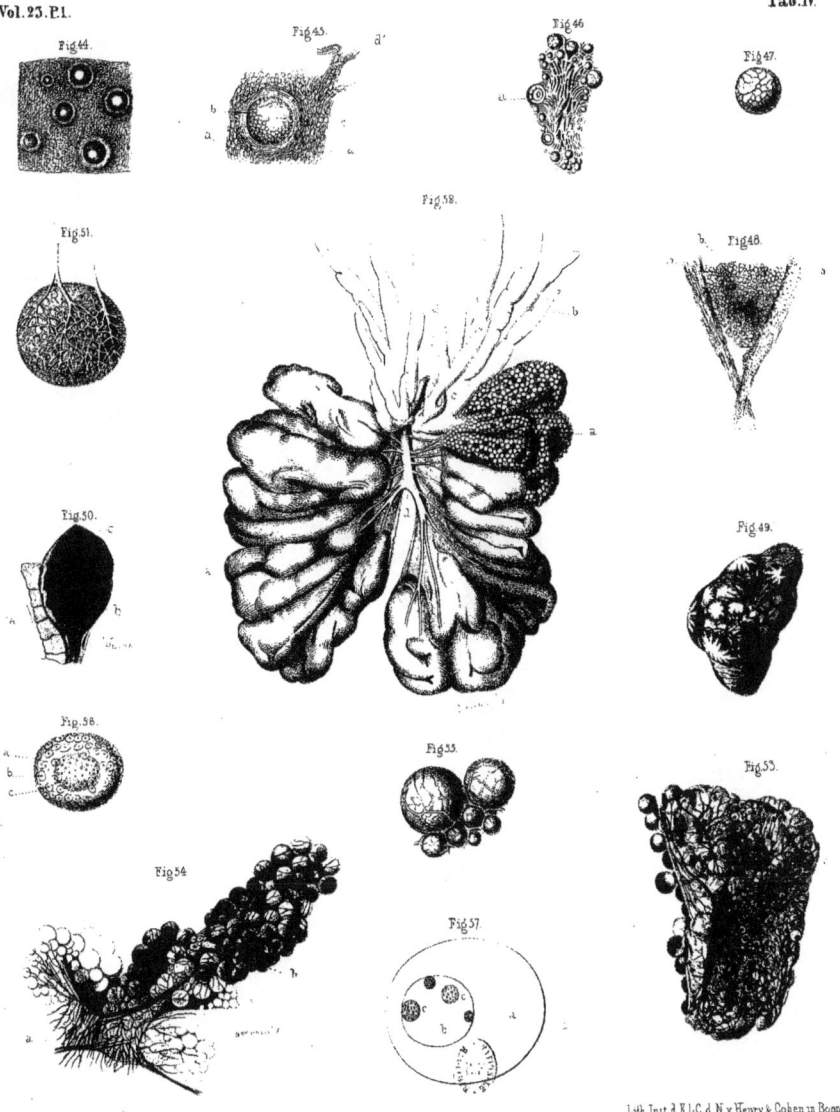

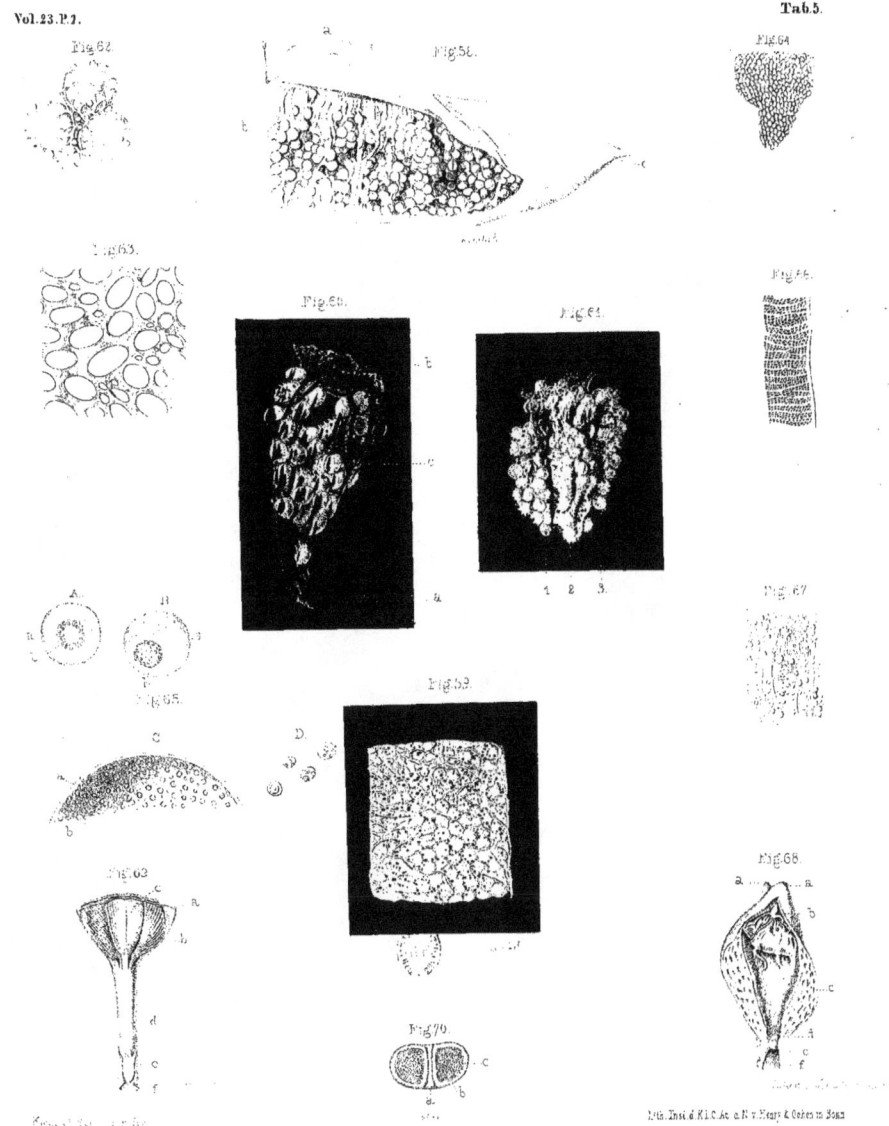

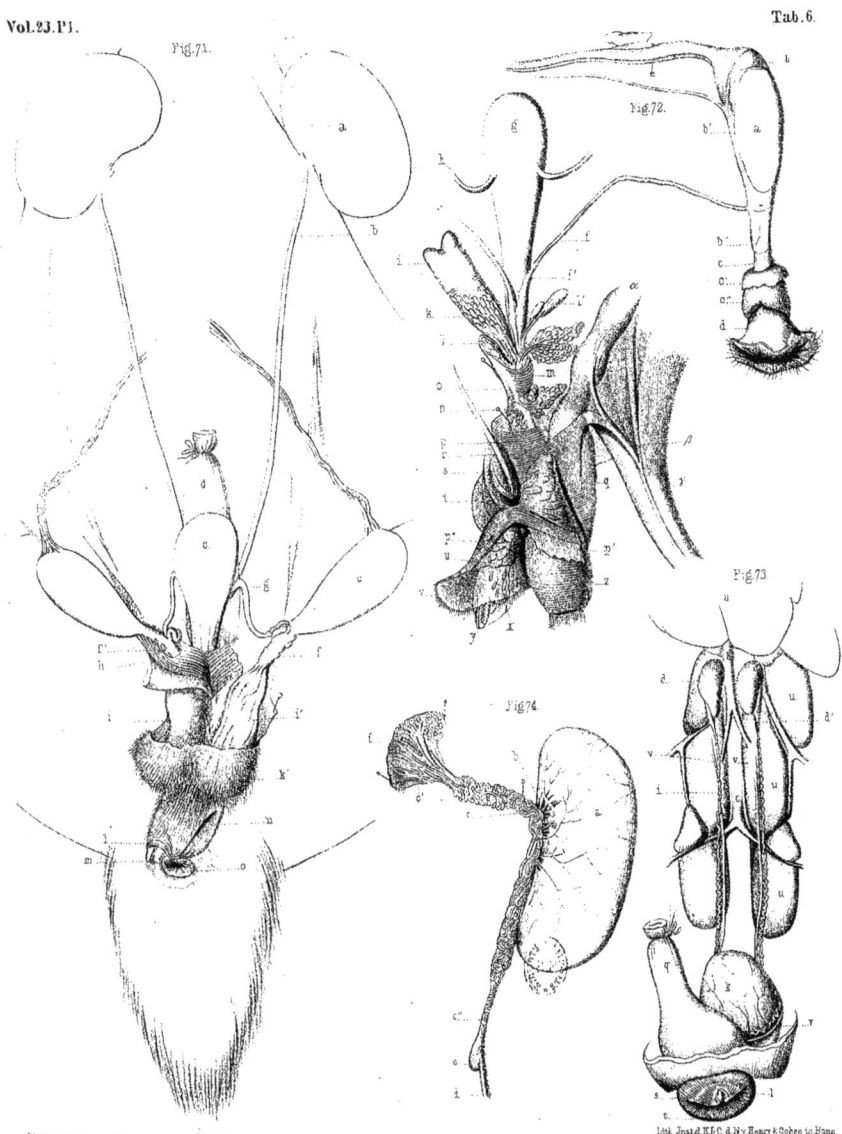

Vol. 23. P.I.   Tab. 6.

Fig. 71.   Fig. 72.   Fig. 73.   Fig. 74.

Fig. 76.

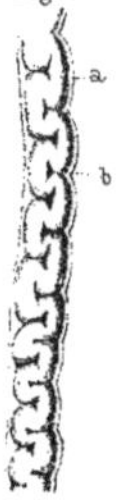

Fig. 75.

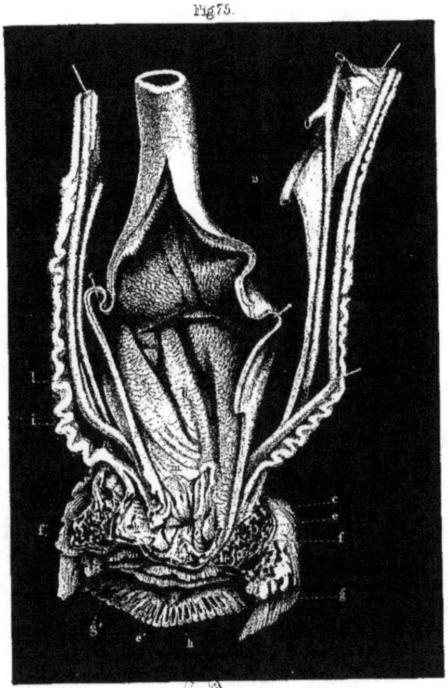

Fig. 80.

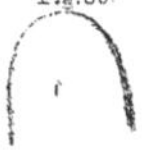

Fig. 81.

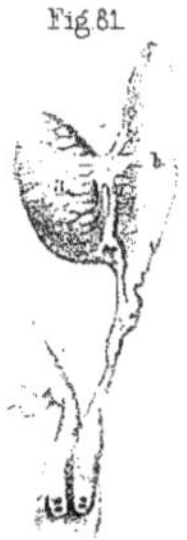

Fig. 77.

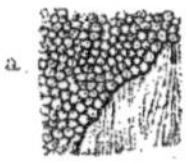

Fig. 78.

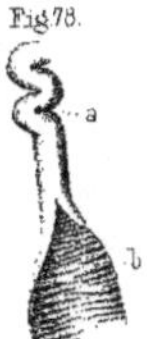

Fig. 82.

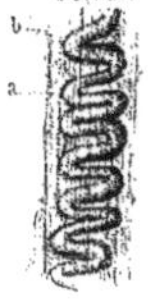

Fig. 83.

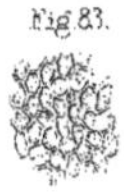

Fig. 79.

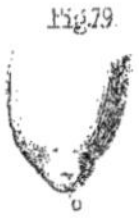

Fig. 85.

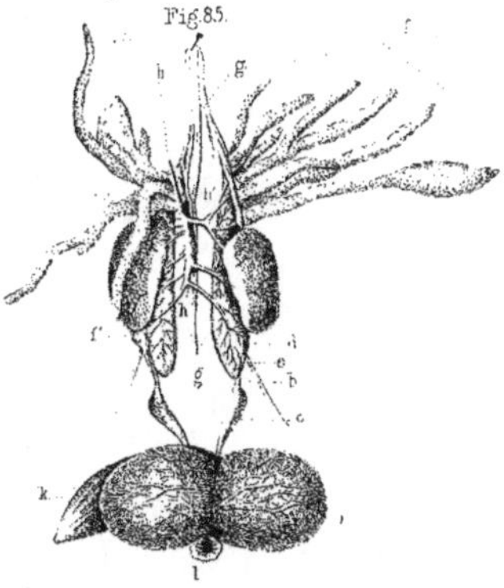

Fig. 84.

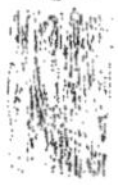

Fig. 86.

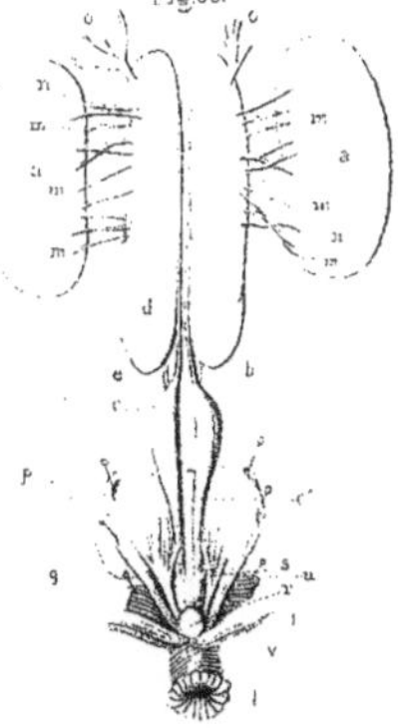

Klein & Schimper fec.

Lith. Inst. d. K.L.C. Ac. d. N. v. Henry & Cohen in Bonn.

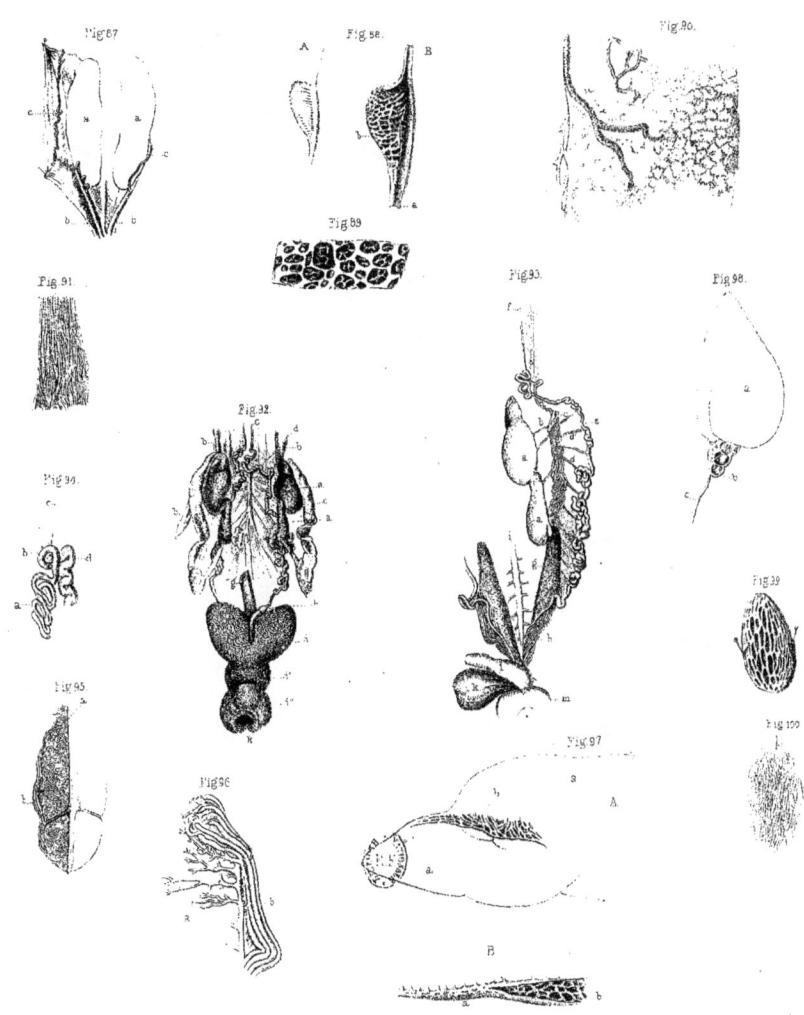

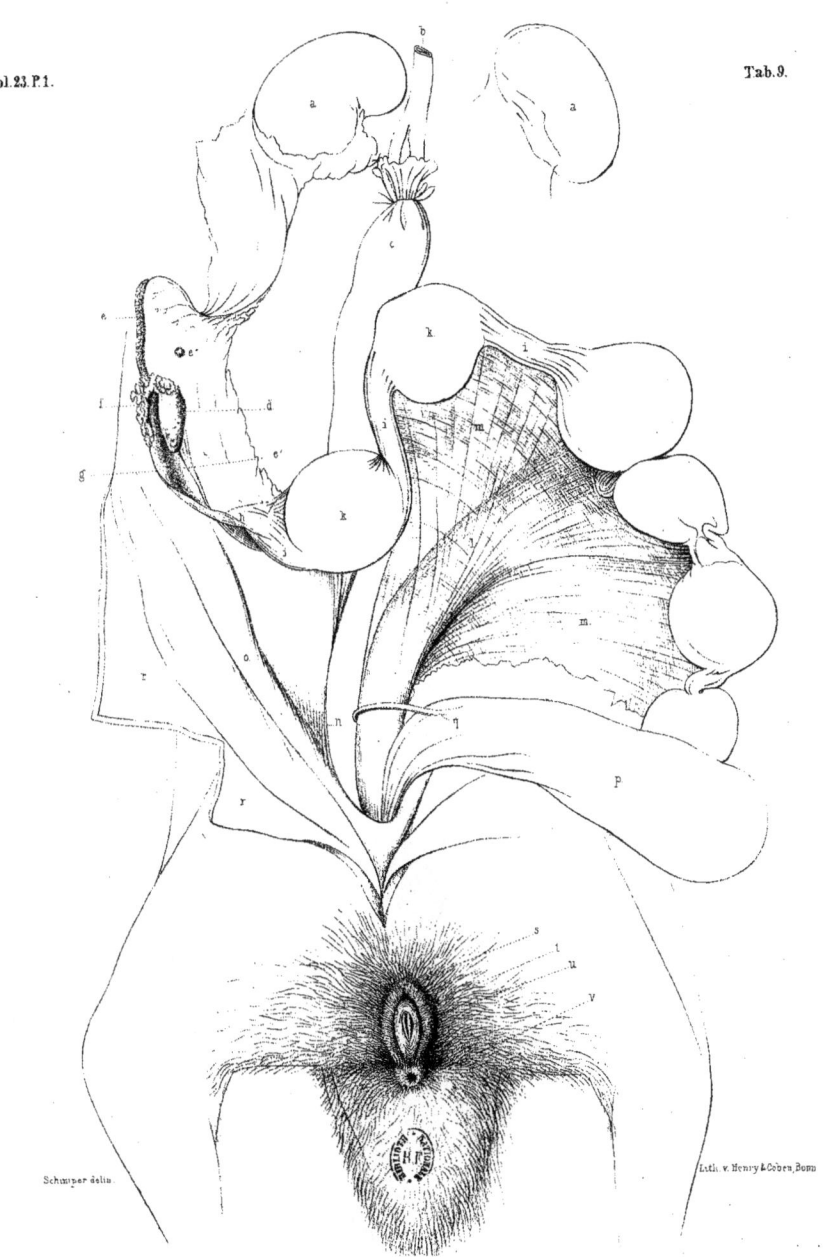

Vol. 25. P. 1.

Tab. 10.

Fig. 106.
Fig. 105.
Fig. 102.
Fig. 104.
Fig. 103.
Fig. 108.
Fig. 109.
Fig. 107.

Schimper delin.

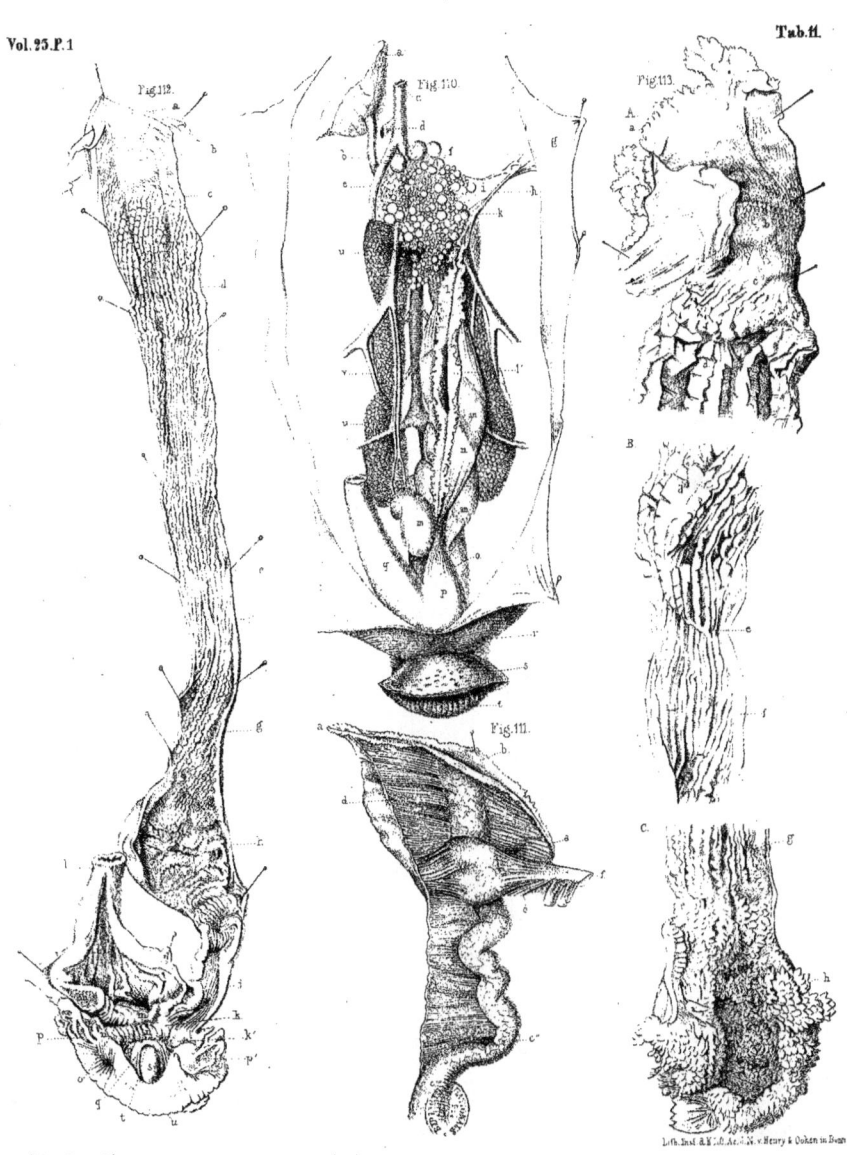

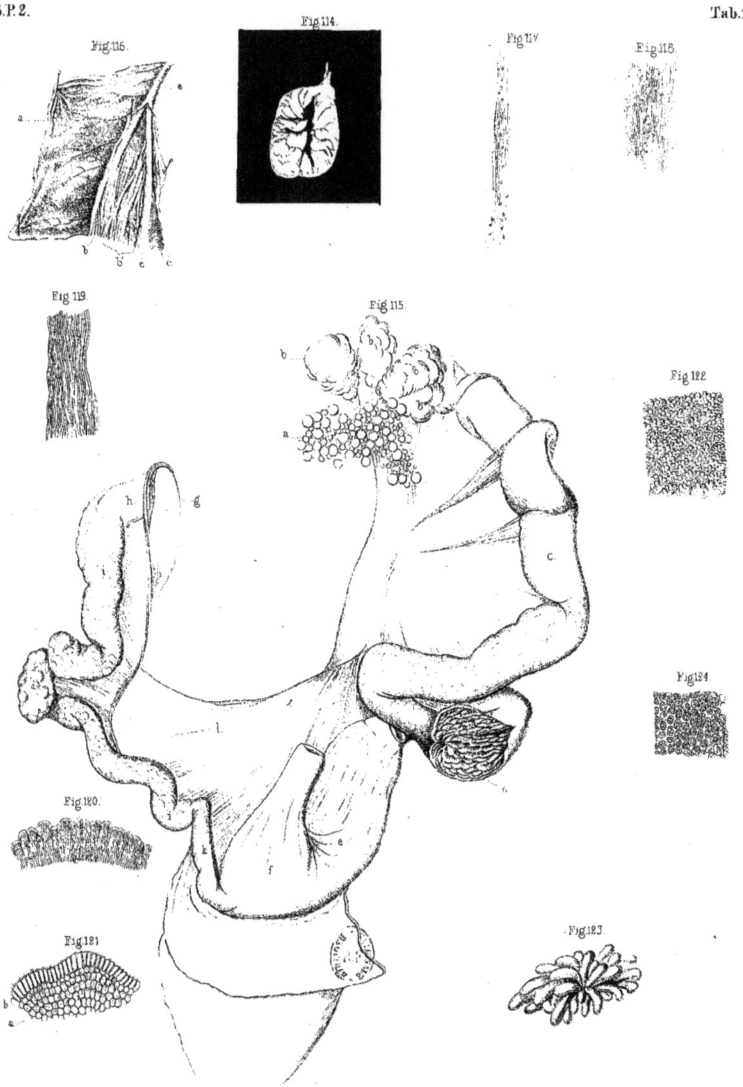

Klein & Schimper fec. Lith. Inst. d. K.L.C. Ac. d. N. v. Henry & Cohen in Bonn.

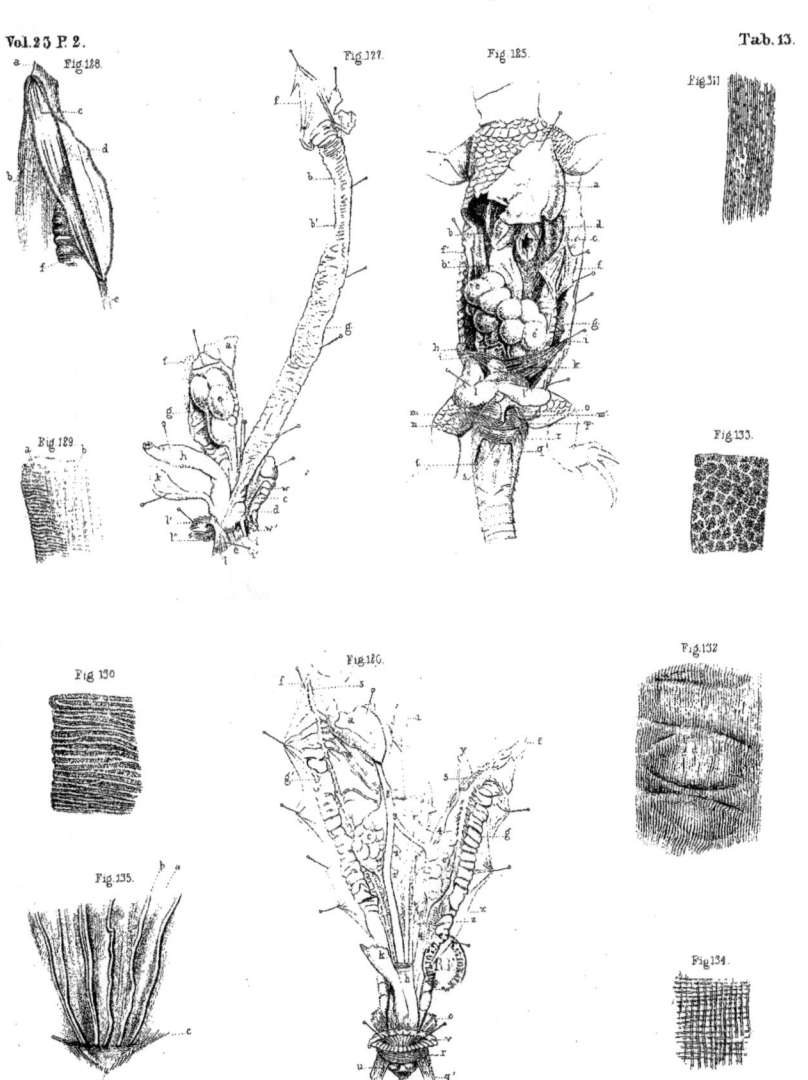
Tab. 13.

Vol.23.P.2. Tab.14.

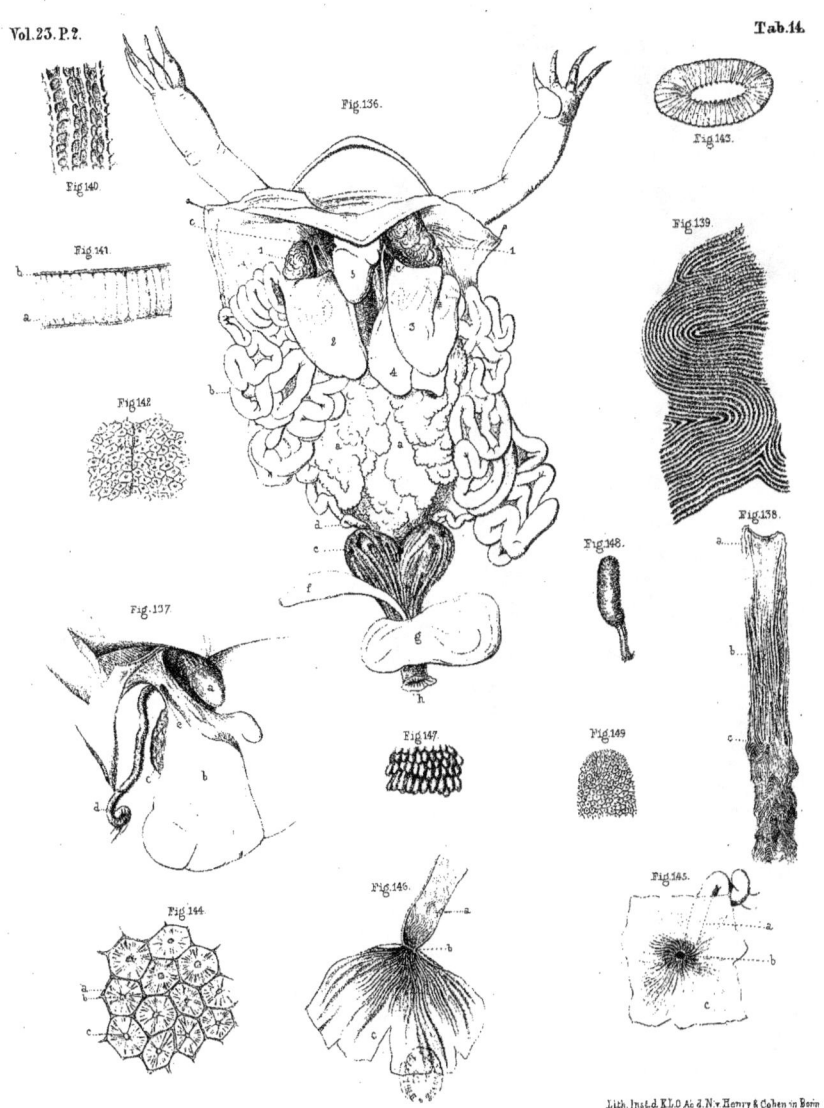

Vol. 23. P.1. Tab. 15

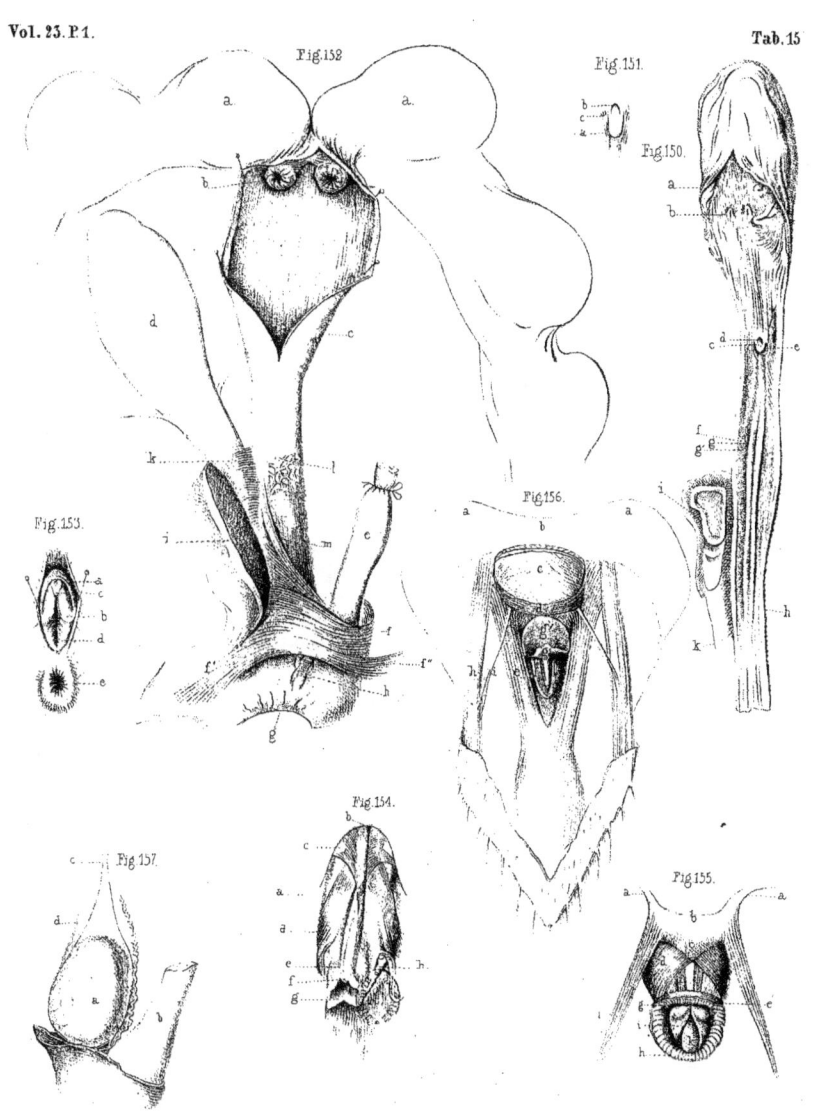

Schimper del.   Lith. Inst. d. K.L.C. Ak. d. N. v. Henry & Cohen in Bonn

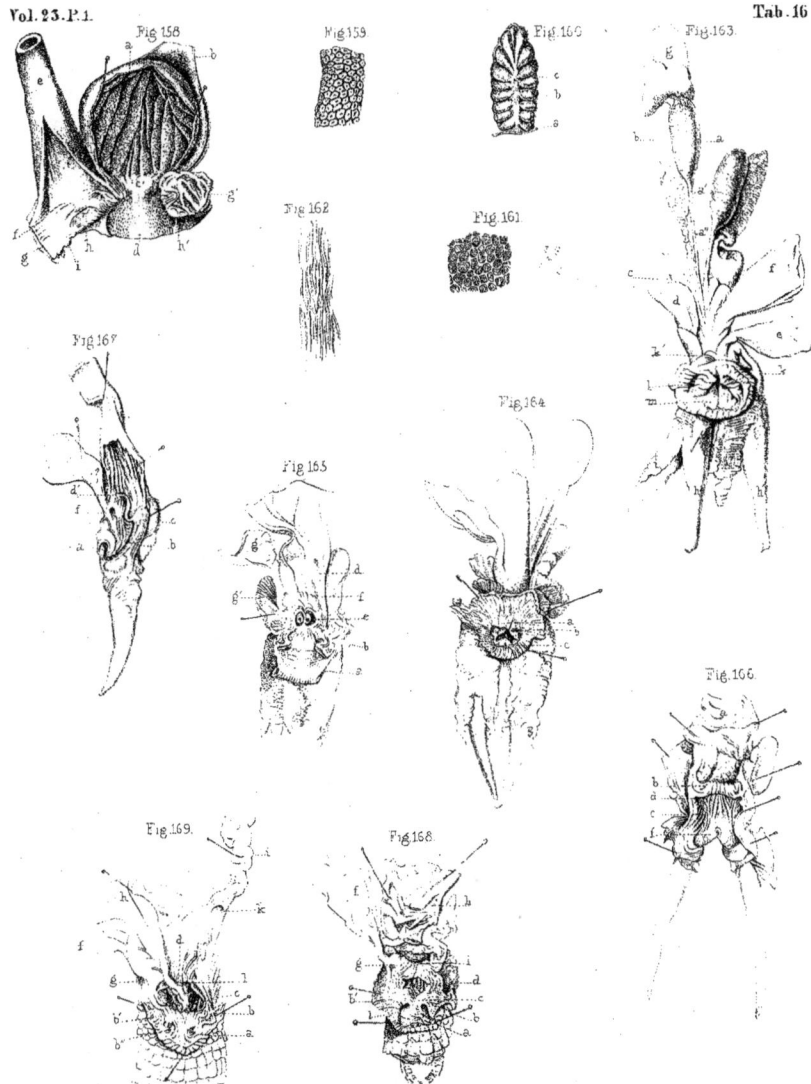

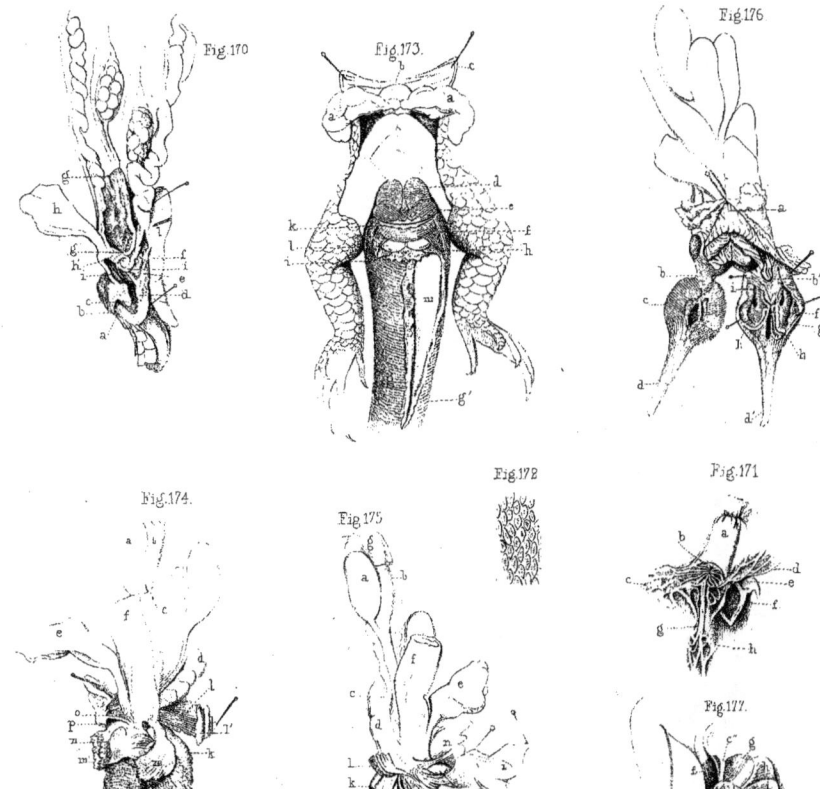

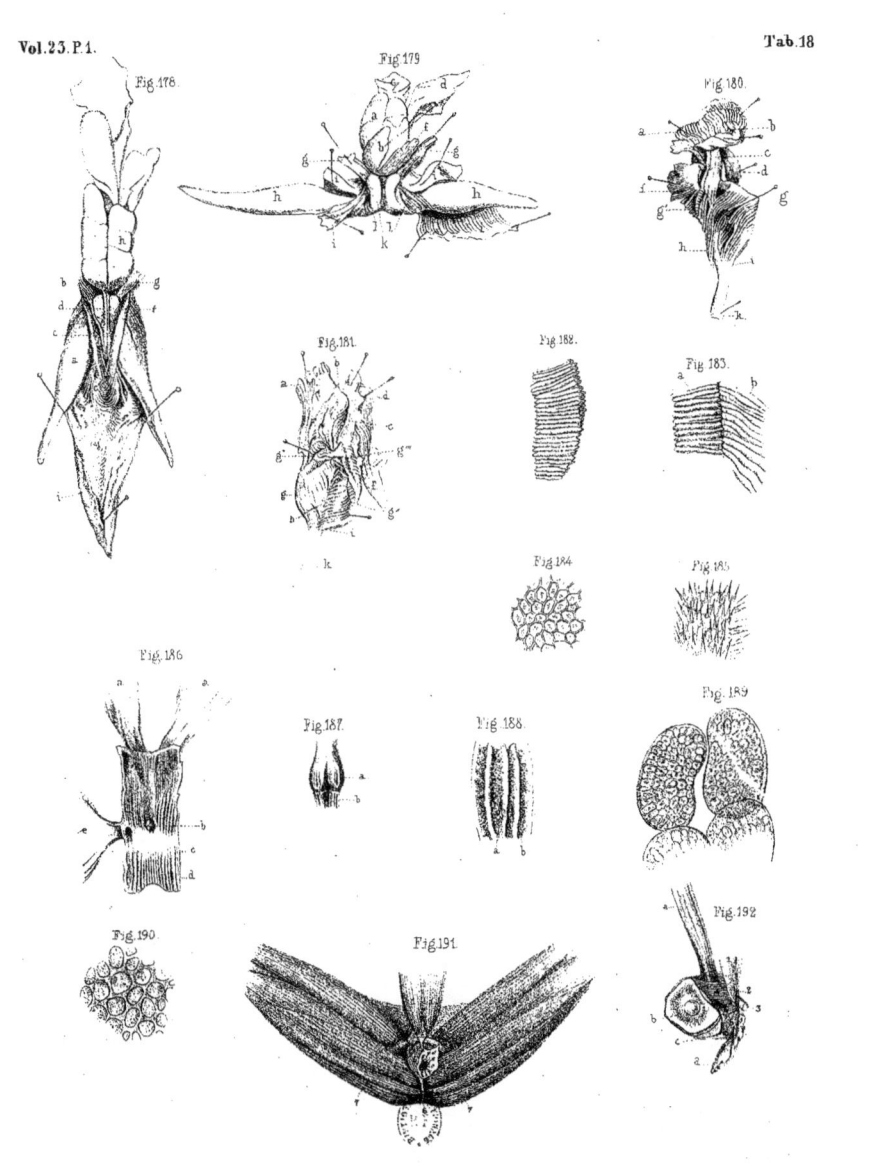

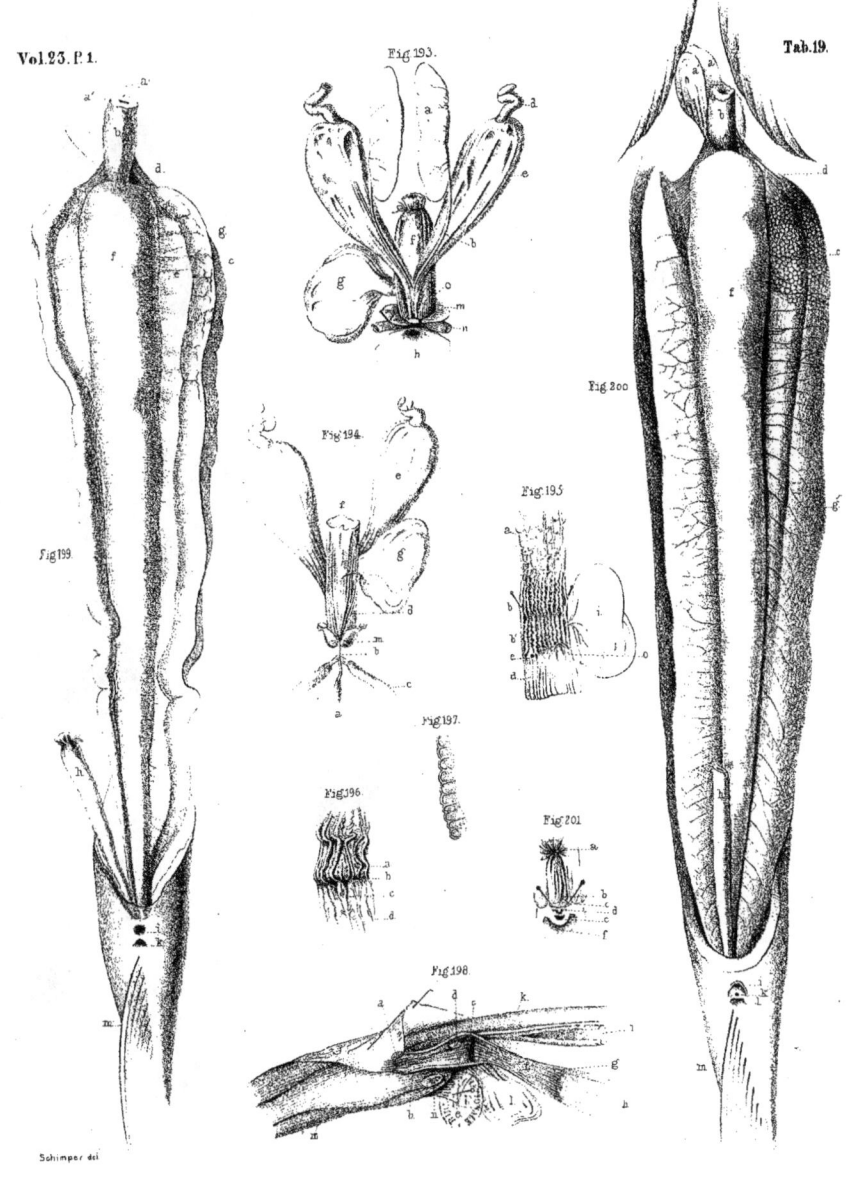

Vol. 23. P. 1.

Tab. 20.

Fig. 202.
Fig. 203.
Fig. 204.
Fig. 205.
Fig. 206.
Fig. 207.
Fig. 208.

Schimper del.

Lith. Anst. d. K.L.C. Ac. d. N. v. Henry & Cohen u. Bl.

www.ingramcontent.com/pod-product-compliance
Lightning Source LLC
Chambersburg PA
CBHW050634170426
43200CB00008B/1006